高等职业教育计算机系列教材

U0192538

PHP 网站开发实例教程
（微课版）

胡玮芳　主　编

钱冬云　李忠明　副主编

电子工业出版社.

Publishing House of Electronics Industry

北京·BEIJING

内 容 简 介

本书采用"工学结合、项目驱动"的模式进行编写，面向 Web 项目的开发过程，以"启航纺织有限公司网站"为例，系统地讲解了 PHP 网站的开发流程和开发技术。

全书共 5 篇 14 章，第 1 篇主要介绍 PHP 基础，帮助初学者快速了解 PHP 项目的运行过程，熟悉 PHP 的基本语法；第 2 篇详细介绍项目需求，帮助读者了解项目开发流程；第 3 篇和第 4 篇详细介绍面向过程开发项目前台常用功能和面向对象开发项目后台常用功能，帮助读者掌握诸如新闻、产品、购物等常用前台功能和管理员管理、新闻管理、产品管理、订单管理等常用后台管理模块相关知识与开发技能；第 5 篇为拓展迁移内容，引导读者综合运用所学知识，自选一个拓展项目进行开发实战，熟练应用所学知识，迅速积累项目开发经验。本书配备教学视频、源码、电子课件、习题等资源。

本书适合作为高等院校计算机相关专业程序设计或 Web 开发的教材，也可以作为广大计算机编程爱好者的参考书。

图书在版编目（CIP）数据

PHP 网站开发实例教程：微课版 / 胡玮芳主编. —北京：电子工业出版社，2023.2

ISBN 978-7-121-44855-3

Ⅰ. ①P… Ⅱ. ①胡… Ⅲ. ①PHP 语言－程序设计－高等学校－教材 Ⅳ. ①TP312.8

中国国家版本馆 CIP 数据核字（2023）第 005357 号

责任编辑：徐建军　　　　　　特约编辑：田学清
印　　刷：天津嘉恒印务有限公司
装　　订：天津嘉恒印务有限公司
出版发行：电子工业出版社
　　　　　北京市海淀区万寿路 173 信箱　　　　邮编：100036
开　　本：787×1 092　　1/16　　印张：15.25　　字数：409.92 千字
版　　次：2023 年 2 月第 1 版
印　　次：2023 年 8 月第 2 次印刷
印　　数：1 200 册　　　　定价：49.00 元

凡所购买电子工业出版社图书有缺损问题，请向购买书店调换。若书店售缺，请与本社发行部联系，联系及邮购电话：（010）88254888，88258888。

质量投诉请发邮件至 zlts@phei.com.cn，盗版侵权举报请发邮件至 dbqq@phei.com.cn。

本书咨询联系方式：（010）88254570，xujj@phei.com.cn。

前 言

PHP 是一种运行于服务器端的跨平台嵌入式脚本编程语言，支持面向对象和面向过程两种风格开发，性能稳定，是目前 Web 应用开发的主流语言之一。PHP 广泛应用于动态网站开发，如门户、电商、微博、论坛、社交等网站，同时适用于混合式 APP 开发，发展前景广阔。

本书遵循"以项目为导向"的原则，结合 Web 项目开发岗位的实际需求，以"实用"为基础，以"必需"为尺度选取理论知识；采用项目任务驱动式教学方法，通过完成各项任务，提高读者使用 PHP+MySQL 解决实际工作中问题的能力。

本书以 Web 项目的开发为任务驱动，以启航纺织有限公司网站设计为主线，以每节一个任务的形式，借助案例带动知识点的学习，将抽象的知识形象地传授给读者，使其通过完成任务掌握理论知识，同时提高分析问题和解决问题的能力。

本书共 14 章。第 1 章和第 2 章介绍 PHP 开发环境的部署与语法基础；第 3 章介绍如何进行项目功能分析；第 4 章介绍数据库分析与 MySQL 基本操作；第 5 章介绍如何使用面向过程方式操作数据库；第 6 章介绍如何开发实现前台首页、新闻详情页、产品详情页；第 7 章讲解如何实现具有分页功能的新闻列表页；第 8 章重点介绍产品搜索功能实现；第 9 章介绍用户中心基本功能及购物车功能；第 10 章介绍面向对象的使用基础及操作数据库；第 11 章介绍后台登录和根据管理员权限显示管理内容；第 12 章重点介绍后台内容管理的实现，具体包括管理员管理、新闻管理、产品管理和订单管理功能的设计；第 13 章介绍面向对象自定义类、构造函数、析构函数的用法，并具体介绍数据库操作类的实现方式；第 14 章将提供一些拓展网站项目的选题和需求，要求读者能够灵活运用 PHP 开发一个 Web 网站，并形成项目说明文档。本书利用项目任务驱动方式组织内容，使读者从案例模仿到独立拓展实践，提高 PHP 技术应用能力和解决实际工作问题的能力，并积累项目开发经验，满足工作岗位需求。

本书特色

1. 概念清楚，内容安排合理。本书注重理论与实践相结合，使读者既能掌握 PHP+MySQL 的基本理论知识，又能提高使用 PHP 语言开发 Web 项目的能力。

2. 项目导向，任务服务项目。本书以完成一个完整的启航纺织有限公司网站项目为目标，选取常用的功能作为教学任务，通过完成各项任务实现项目开发，达到学完课程即完成一个 Web 项目开发的目标。

3. 协作学习，团队提供支持。

本书由胡玮芳担任主编，钱冬云和李忠明担任副主编，参与编写的还有盛立军、蔡青青、杨芳圆、李利正、朱雯曦、袁路妍、傅彬等，在此一并表示感谢！

为了方便学习，本书配有电子教学课件，请有需要的读者登录华信教育资源网（www.hxedu.com.cn）注册后免费下载，如果有问题，可以在网站留言板留言或与电子工业出版社联系（E-mail：hxedu@phei.com.cn）。本书还在浙江省高等学校在线开放课程共享平台提供了"Web 程序设计（PHP）"在线开放课程，包括教学视频、练习、作业、测试、在线答疑和期末考试等，帮助读者完整地学习课程。

虽然我们精心组织，细心审核，但疏漏之处在所难免；同时由于编者水平有限，书中也存在诸多不足之处，恳请广大读者朋友给予批评和指正。

编　者

目 录

第1篇 PHP 入门篇

第1章 PHP 入门 ······ 2

1.1 Web 基础知识 ······ 2

1.2 初识 PHP ······ 3

1.2.1 PHP 概述 ······ 3

1.2.2 PHP 优势 ······ 3

1.2.3 PHP 发展前景 ······ 3

1.2.4 PHP 学习准备 ······ 4

1.3 初识 MySQL ······ 4

1.4 PHPStudy 安装与配置 ······ 5

1.4.1 PHPStudy 的安装 ······ 5

1.4.2 PHPStudy 测试环境 ······ 6

1.5 项目部署与测试 ······ 7

1.5.1 第一个 PHP 网页 ······ 7

1.5.2 站点域名管理 ······ 9

1.6 巩固练习 ······ 13

第2章 PHP 语法基础 ······ 14

2.1 基本语法 ······ 14

2.1.1 PHP 语法 ······ 14

2.1.2 PHP 变量 ······ 15

2.1.3 PHP 常量 ······ 17

2.1.4 PHP 数据类型 ······ 18

2.1.5 PHP 运算符 ······ 21

2.1.6 PHP 运算符的优先级 ······ 27

2.1.7 巩固练习 ······ 28

2.2 控制语句 ······ 29

2.2.1 PHP 条件控制 ······ 30

2.2.2 PHP 循环控制 ······ 36

2.2.3 巩固练习 ······ 43

第 2 篇 项目实战分析篇

第 3 章 项目功能分析 ··· 50

3.1 明确网站功能需求 ·· 50

3.1.1 网站前台功能需求 ·· 50

3.1.2 网站后台功能需求 ·· 51

3.2 网站界面设计 ··· 53

3.2.1 网站前台界面设计 ·· 53

3.2.2 网站后台界面设计 ·· 54

3.3 巩固练习 ·· 56

第 4 章 数据库分析与创建 ··· 57

4.1 网站数据库分析 ·· 57

4.2 数据表物理设计 ·· 57

4.2.1 网站基本信息表（config） ·· 57

4.2.2 公司简介信息表（about） ··· 58

4.2.3 宽幅广告信息表（adv） ·· 58

4.2.4 公司新闻信息表（news） ··· 58

4.2.5 新闻类别表（newsclass） ·· 59

4.2.6 导航信息表（nav） ·· 59

4.2.7 公司产品信息表（product） ·· 59

4.2.8 产品类别表（productclass） ·· 60

4.2.9 公司留言信息表（message） ·· 60

4.2.10 管理员信息表（admin） ··· 60

4.2.11 会员信息表（user） ·· 61

4.2.12 收货地址信息表（address） ·· 61

4.2.13 购物车信息表（cart） ·· 61

4.2.14 订单信息表（orderlist） ·· 62

4.3 创建 MySQL 数据库 ·· 62

4.3.1 登录 MySQL 数据库服务器 ··· 62

4.3.2 MySQL 服务器主界面 ··· 63

4.3.3 创建数据库与数据表 ··· 63

4.4 数据库的备份与还原 ·· 66

4.4.1 备份数据库与数据表 ··· 66

4.4.2 还原数据库与数据表 ··· 68

4.5 巩固练习 ·· 69

第3篇 项目实战前台篇

第5章 面向过程开发 ··· 72

5.1 面向过程开发思想 ·· 72

5.2 MySQL 数据库操作函数 ·· 73

5.3 连接数据库服务器 ·· 73

    5.3.1 连接数据库 ·· 74

    5.3.2 更改连接的默认数据库 ·· 74

    5.3.3 关闭打开的数据库连接 ·· 74

    5.3.4 连接案例项目数据库 qihangdb ······························ 75

5.4 数据库操作的三个步骤 ·· 75

    5.4.1 编写 SQL 命令 ·· 75

    5.4.2 执行 SQL 命令并返回结果集 ·································· 76

    5.4.3 将结果集按行返回数组 ·· 76

5.5 构建网站结构 ·· 76

5.6 文件包含 ·· 77

    5.6.1 include 和 include_once ·· 77

    5.6.2 require 和 require_once ·· 78

5.7 巩固练习 ·· 79

第6章 前台首页开发 ··· 80

6.1 Banner 广告轮播图 ·· 80

    6.1.1 数据准备 ·· 80

    6.1.2 Banner 轮播实现 ·· 81

    6.1.3 巩固练习 ·· 84

6.2 导航条 ·· 84

    6.2.1 数据准备 ·· 85

    6.2.2 一级导航实现 ·· 85

    6.2.3 二级导航实现 ·· 89

    6.2.4 巩固练习 ·· 90

6.3 首页新闻展示 ·· 91

    6.3.1 数据准备 ·· 91

    6.3.2 首页新闻实现 ·· 92

    6.3.3 巩固练习 ·· 99

6.4 新闻详情页 ·· 99

    6.4.1 新闻内容对应展现 ·· 100

    6.4.2 新闻点击量更新 ·· 102

    6.4.3 上一篇/下一篇 ··· 103

　　　6.4.4　巩固练习 ··· 103

　6.5　首页产品展示 ··· 104

　　　6.5.1　数据准备 ··· 104

　　　6.5.2　数据抓取与显示 ··· 105

　　　6.5.3　巩固练习 ··· 107

　6.6　产品详情页 ·· 107

　　　6.6.1　产品详情对应展现 ··· 107

　　　6.6.2　巩固练习 ··· 110

　6.7　巩固练习 ··· 110

第 7 章　前台新闻列表 ·· 111

　7.1　新闻列表展现 ··· 111

　7.2　分页原理 ··· 113

　7.3　新闻简单分页 ··· 113

　7.4　分页优化 ··· 115

　7.5　分页链接函数 ··· 118

　7.6　巩固练习 ··· 119

第 8 章　产品中心 ·· 121

　8.1　产品列表 ··· 121

　　　8.1.1　产品列表初步实现 ··· 121

　　　8.1.2　产品分页 ··· 123

　8.2　巩固练习 ··· 125

　8.3　产品搜索 ··· 125

　　　8.3.1　首页产品搜索代码 ··· 125

　　　8.3.2　处理表单代码 ··· 127

　8.4　巩固练习 ··· 131

第 9 章　用户中心 ·· 132

　9.1　用户注册登录 ··· 132

　　　9.1.1　用户注册 ··· 133

　　　9.1.2　用户登录 ··· 136

　　　9.1.3　用户退出 ··· 137

　9.2　会话 session ·· 137

　　　9.2.1　启动 session ·· 138

　　　9.2.2　session 变量的存储与读取 ·· 138

　　　9.2.3　删除 session ·· 138

　　　9.2.4　判断用户登录状态 ··· 139

9.3 购物车 139

    9.3.1 产品详情修改 140

    9.3.2 数据处理——加入购物车 141

    9.3.3 购物车页面设计 142

    9.3.4 数据处理——删除单个产品 143

    9.3.5 数据处理——批量删除选中产品 144

    9.3.6 数据处理——生成订单 144

9.4 订单 146

9.5 巩固练习 150

第4篇 项目实战后台篇

第 10 章 面向对象开发 152

10.1 面向对象编程思想 152

    10.1.1 类 153

    10.1.2 对象 153

10.2 面向对象编程的特性 153

10.3 面向对象使用基础 154

    10.3.1 定义类 154

    10.3.2 实例化对象 155

    10.3.3 调用成员方法 155

    10.3.4 访问控制 155

    10.3.5 $this 155

    10.3.6 构造函数与析构函数 156

10.4 MySQLi 操作 MySQL 数据库 156

    10.4.1 查询列表实现 156

    10.4.2 封装类实现 157

第 11 章 后台管理入口 158

11.1 后台登录 158

    11.1.1 数据准备 158

    11.1.2 实现思路 159

    11.1.3 设计与实现 159

11.2 后台管理主界面 162

11.3 后台管理菜单 164

11.4 巩固练习 165

第 12 章　内容管理 ·· 166

　12.1　管理员管理 ··· 166

　　12.1.1　管理员列表 ··· 166

　　12.1.2　添加管理员 ··· 168

　　12.1.3　编辑管理员 ··· 171

　　12.1.4　删除管理员 ··· 176

　　12.1.5　巩固练习 ·· 177

　12.2　新闻管理 ·· 177

　　12.2.1　纺织动态列表 ··· 178

　　12.2.2　添加纺织动态 ··· 183

　　12.2.3　编辑器 ··· 186

　　12.2.4　编辑纺织动态 ··· 186

　　12.2.5　删除纺织动态 ··· 190

　　12.2.6　批量删除纺织动态 ·· 190

　　12.2.7　批量转移纺织动态 ·· 191

　　12.2.8　批量复制纺织动态 ·· 191

　　12.2.9　巩固练习 ·· 192

　12.3　产品管理 ·· 192

　　12.3.1　产品列表 ·· 192

　　12.3.2　添加产品 ·· 195

　　12.3.3　编辑产品 ·· 200

　　12.3.4　删除产品 ·· 202

　　12.3.5　置顶设置 ·· 202

　　12.3.6　巩固练习 ·· 203

　12.4　订单管理 ·· 203

　　12.4.1　产品预订列表 ··· 203

　　12.4.2　订单处理（发货）··· 206

　　12.4.3　订单处理（确认收货）··· 209

　　12.4.4　巩固练习 ·· 210

第 5 篇　拓展迁移篇

第 13 章　自定义数据库操作类 ·· 212

　13.1　PHP 类的定义 ·· 212

　　13.1.1　类的定义 ·· 212

　　13.1.2　类的成员属性 ··· 212

　　13.1.3　成员方法 ·· 213

　　13.1.4　实例化对象 ··· 213

13.2 构造函数和析构函数 ··· 214

    13.2.1 类内部对象$this ··· 214

    13.2.2 构造函数（构造方法） ··· 215

    13.2.3 析构函数（析构方法） ··· 216

13.3 PHP 魔术方法 ·· 216

13.4 数据库操作类 ·· 217

    13.4.1 数据库类定义 ··· 217

    13.4.2 定义数据库配置文件 ··· 225

    13.4.3 数据库操作类 Model 使用 ·· 226

第 14 章 项目开发及项目文档编写 ·· 228

14.1 拓展项目开发 ·· 228

    14.1.1 《×××企业网站的设计》 ·· 228

    14.1.2 《×××网上购物系统的设计》 ·· 229

    14.1.3 《×××旅游网站的设计》 ·· 229

    14.1.4 《×××学校网站的设计》 ·· 230

14.2 编写项目说明文档 ·· 231

第 1 篇　PHP 入门篇

第 1 章

PHP 入门

1.1 Web 基础知识

1. 体系结构

Web 网站软件系统体系架构主要分为 B/S 架构与 C/S 架构。C/S 架构，即 Client/Server（客户机/服务器）架构，通过将任务合理分配到 Client 端和 Server 端，降低系统的通信开销，可以充分利用两端硬件环境的优势。早期的软件系统多以此作为首选设计标准。

B/S 架构，即 Browser/Server（浏览器/服务器）架构，客户机只需要安装一个浏览器（Browser），如 Chrome、 Navigator 或 Internet Explorer，服务器需要安装数据库和 Web 服务器。在这种架构下，用户界面完全通过 WWW 浏览器实现，一部分事务逻辑在前端实现，但是主要事务逻辑在服务器端实现。浏览器通过 Web 服务器与数据库进行数据交互。

2. Web 网站工作原理

客户端的浏览器负责提交用户访问请求并显示服务器返回的 HTML 文档。服务器负责将 Web 程序解析为 HTML 文档。

如果用户想了解绍兴职业技术学院（简称绍职）的相关信息，只需要在浏览器上输入自己的请求（即绍职官网地址），按 Enter 键即可把请求发送给 Internet；绍职官网的 Web 服务器收到访问请求后，会将首页解析为 HTML 文档，通过 Internet 回传给用户；用户通过浏览器即可浏览首页内容。

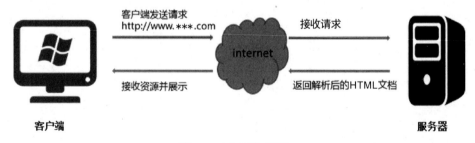

图 1.1   B/S 工作原理

3. 动态网页与静态网页

这里提到的动态网页并不是指含有动画效果的网页，而是指用户在浏览此网页时，可以根据自身的需求在网页中进行操作，网页则根据用户的输入，能够产生相应的结果来响应用户，其数据来自数据库。动态网页文件扩展名根据使用的技术有不同的命名，通常以.asp、.php、.jsp、.aspx 等为后缀名，必须运行在服务器上。

静态网页指的是网页内容"固定不变"，只有通过编辑器改变网页内容时才会发生变化。当浏览者通过互联网的 HTTP 协议向 Web 服务器请求访问网页内容时，服务器仅仅是将原来已经设计好的静态 HTML 文档传送给用户的浏览器。静态网页文件通常以.htm、.html、.xml、.shtml 等为后缀名，且不含有 "？" 符号。静态网页可以在浏览器上直接运行。

动态网页与静态网页的区别如下：

- 动态网页比静态网页的交互性更高；
- 动态网页的内容可能会随着时间的变化发生变化，而静态网页不会；
- 静态网页的内容相对稳定，有利于 SEO 优化；
- 静态网页无须数据库的支持，所以访问速度比动态网页快；
- 静态页面占用服务器的空间会随时间推移越来越多，而动态网页则对服务器的性能要求较高。

1.2　初识 PHP

1.2.1　PHP 概述

PHP 是 Hypertext Preprocessor 的缩写，中文名为 "超文本预处理器"，是一种通用、开源的脚本语言，也是动态服务器脚本语言。PHP 于 1994 年由 Rasmus Lerdorf 创建，1995 年发布第一个版本。

PHP 的语法混合了 C、Java、Perl 及 PHP 自创的语法。使用 PHP 开发的网页为动态网页，后缀名为.php。

PHP 完全免费、开源，可以从官网下载，自由开发。

1.2.2　PHP 优势

安全性高：PHP 具有公认的安全性和跨平台特性；几乎支持所有的操作系统平台，并且支持 Apache、IIS 等多种 Web 服务器；支持广泛的数据库，可操作多种主流与非主流的数据库。

易学性：PHP 嵌入在 HTML 语言中，以脚本语言为主，内置函数丰富，语法简单，方便学习掌握。

执行速度快：PHP 占用系统资源少，代码执行速度快。

免费开源：开发软件和资源供用户免费使用。

模块化：实现程序逻辑与用户界面分离。

支持面向对象与面向过程：支持面向对象和过程的两种风格开发，并可向下兼容。

性能稳定：内嵌 Zend 加速引擎，可在性能稳定的前提下加速。

1.2.3　PHP 发展前景

除 HTML、CSS 和 JavaScript 外，大部分软件工程师进行 Web 项目开发时可能会首先想到 PHP，百度、新浪、搜狐、淘宝、当当、腾讯以及 Facebook 和 Wikipedia 等全球知名的互联网相关企业都在广泛使用 PHP。

根据 W3Techs（一个专业调查 Web 技术的网站，提供各种 Web 技术的使用情况信息）的统计，PHP 在所有的网站程序中约占 79％的比例，在服务器端编程语言中约为竞争对手 ASP.NET 的 8 倍。

在全面覆盖的互联网应用环境下，Web 2.0、云计算、物联网等新概念将不断催生出新的产业和服务，支撑这些新型产业和服务的技术体系非 PHP 莫属。以 Laravel 和 Swoole 为代表的 PHP 框架支持协程、完全的异步非阻塞 IO、支持注解和 IOC，能够给 PHP 开发者提供更加广阔的空间。

1.2.4　PHP 学习准备

1．浏览器

网页测试需要用到浏览器，应用比较广泛的浏览器有 Opera、Netscape、Firefox、IE、Chrome 和 Safari 等，从兼容性考虑，推荐使用火狐或谷歌浏览器，本教程使用的浏览器为 Chrome。

在搜索引擎中输入 Chrome，下载最新的 Chrome 浏览器，下载完成后，双击安装文件运行，选择安装位置即可。

2．编辑器

PHP 文档的编辑器可以使用记事本、EditPlus、WebStorm、Sublime、HBuilderX_text 等，为了改善编码体验，建议选择支持代码高亮显示、代码补全、文字处理高效的编辑器，如 WebStorm 或 HBuilderX，本教程使用的编辑器为 HBuilderX。

在搜索引擎中输入 HBuilderX 官网地址，进入 HBuilderX 官网，在"Download"菜单中选择符合需求的最新版本进行下载并完成编辑器安装。

3．运行环境

PHP 是动态页面，必须运行在服务器端。一般来说，本地的 PHP 平台分为两种：一种是 LAMP，即 Linux+Apache+MySQL+PHP；另一种是 WAMP，Windows+Apache+ MySQL+PHP，前者的性能更强大。如果读者自行安装 Apache+MySQL+PHP，难度较大，而且容易出错。考虑到现在常用的是 Windows 操作系统，因此推荐使用 WAMP 集成环境，安装后即可使用。目前应用广泛的有：XAMPP、WampServer、PHPNow、PHPStudy、AppServ 等，推荐使用 PHPStudy 和 WampServer，本教程使用的集成环境为 PHPStudy，其安装和配置将在后面章节进行介绍。

1.3　初识 MySQL

MySQL 是一款安全、跨平台、高效的，并与 PHP、Java 等主流编程语言紧密结合的关系型数据库管理系统，MySQL 是 Web 应用方面非常出色的 RDBMS（Relational Database Management System，关系数据库管理系统）应用软件之一。

MySQL 是一种关系型数据库管理系统，由瑞典 MySQL AB 公司开发，目前属于 Oracle 公司。关联数据库将数据保存在不同的表中，而不是将所有数据放在一个大仓库内，增加速度的同时提高了灵活性。

MySQL 所使用的 SQL 是用于访问数据库的常用标准化语言。MySQL 软件采用了双授权政策，分为社区版和商业版，由于其体积小、速度快、成本低，尤其是开放源码这一特点，一般的中小型网站开发都选择 MySQL 作为网站数据库。

在 PHP 动态网站开发中，PHP 用于处理服务器端脚本，本质上以操作数据库为主，如对数据表进行"增删改查"操作，而 MySQL 被公认为是 PHP 的"最佳搭档"，在 Web 开发中占据着重要地位。

1.4　PHPStudy 安装与配置

1.4.1　PHPStudy 的安装

PHPStudy 集成了最新的 Apache+PHP+MySQL，可一次性安装，无须配置即可使用，是非常方便快捷的 PHP 调试环境，适合 Windows 2000/Windows XP/Windows 2003/Windows 7/Windows 8/Windows 2008/Windows 2010 操作系统使用。打开 PHPStudy 官网，选择符合需求的最新版本下载并根据提示完成安装。

注意，为了减少出错，安装路径不能包含汉字（这里选择 D:/phpstudy_pro），如果开启了防火墙，会提示是否信任 httpd、mysqld 运行，选择全部允许。

PHPStudy 安装完成后，会在桌面自动生成快捷方式。打开 PHPStudy 的安装目录（D:/phpstudy_pro），里面包含 COM、Extensions、WWW 三个文件夹，如图 1.2 所示，说明已经安装成功。其中，COM 是应用程序文件夹，Extensions 是环境文件夹，WWW 是项目文件夹。运行桌面的快捷方式，启动 PHPStudy，即可打开 PHPStudy 控制面板，如图 1.3 所示。

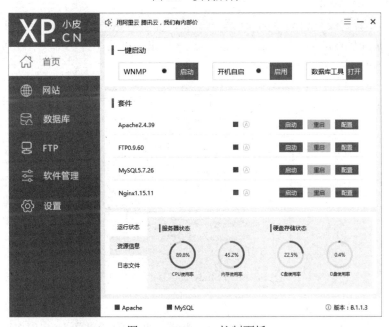

图 1.2　安装成功

图 1.3　PHPStudy 控制面板

在图 1.3 的主界面"首页"→"套件"板块，如果 Apache 和 MySQL 后面是蓝色的三角，表示环境已经正常启动；如果是红色方块，表示对应的服务器没有启动。如图 1.4 所示，表示 PHPStudy 中已经启动了 Apache 服务器和 MySQL 服务器，而没有启动 FTP 服务器和 Nginx

服务器。

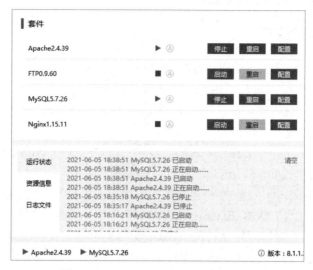

图 1.4　Apache 和 MySQL 服务器启动

　　服务的开启与停止可以通过相应服务器右侧的"启动/停止""重启"两个按钮有选择地进行启停，"配置"按钮可以对相应的服务进行配置，Apache 可以对网站首页、网站目录、错误页面等进行配置。

1.4.2　PHPStudy 测试环境

1．Apache 服务器测试

　　PHPStudy 安装完成且启动 Apache 服务器后，需要测试环境是否正常，只需要在浏览器地址栏中输入 http://localhost 或者 http://127.0.0.1，如果在网页中弹出如图 1.5 所示的页面，则表示 PHPStudy 已经正常工作。

图 1.5　PHPStudy 正常运行的界面

2．MySQL 服务器测试

　　在新版本的 PHPStudy 中，需要用户自行安装数据库管理界面。在 PHPStudy 控制面板（见图 1.3）中单击"软件管理"按钮，选择"网站程序"选项，在"phpMyAdmin"后面单击"安装"按钮，选择安装目录，即可下载安装，一般选择在 WWW 目录下安装。安装完成之后，需要测试数据库服务器和数据库管理网站是否安装成功。在浏览器地址栏中输入

http://localhost/ phpMyAdmin4.8.5，或者在 PHPStudy 控制面板右上角的“一键启动”菜单中选择“数据库工具”→“phpMyAdmin”命令，可以打开数据库管理网站登录界面，如图 1.6 所示。

图 1.6　数据库管理网站登录界面

输入默认用户名 root，密码 root，登录成功，即可进入数据库管理网站主界面，如图 1.7 所示。PHPStudy 已经安装成功，为后续的 PHP 开发完成了开发环境的配置。

图 1.7　数据库管理网站主界面

1.5　项目部署与测试

1.5.1　第一个 PHP 网页

完成 PHPStudy 环境配置后，我们即可开始开发第一个 PHP 网页。前面已经介绍过，动态网页必须在服务器上运行，存放到 Web 服务器的主目录即可被访问。主目录是网站的根目录，用于保存 Web 网站的网页、图片等资源。我们现在使用的是本地服务器 Apache，其主目录在安装目录下的 WWW 文件夹中，安装位置是"D:/ phpstudy_pro"，因此本地的 Web 主目录是"D:/phpstudy_pro /WWW"（本教程中出现的主目录均指"D:/ phpstudy_pro /WWW"），如图 1.8 所示。

图 1.8　本地主目录

一个 Web 服务器（特别是本地服务器）的主目录通常会存放多个网站，为了方便管理，需要在主目录中按网站来存储内容，以"myweb"作为站点文件夹，所有网页都会存放在这个目录下，如图 1.9 所示。

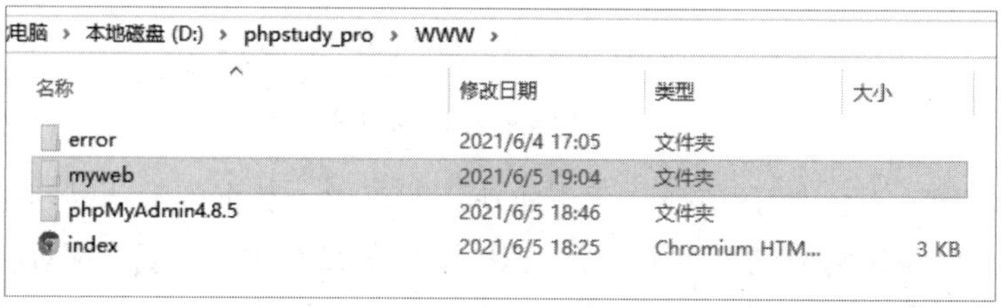

图 1.9　在主目录中新建站点 myweb

将"myweb"文件夹拖动到 HBuilder 中，在打开的 HBuilder 窗口即可看到"myweb"文件夹，在"myweb"文件夹上右击，选择"新建"→"自定义文件"命令，HBuilder 会创建一个新文件，重命名文件为"test.php"，如图 1.10 所示，单击"创建"按钮即可创建 PHP 文件。

图 1.10　在 HBuilder 中创建 PHP 文件

创建网页后，我们来编写第一段 PHP 代码，在页面中使用 PHP 语句输出"hello world!"。在 test.php 文件中输入如下代码：

```
1.  <?php
2.      echo "hello world!";
3.  ?>
```

注：echo() 是一个输出函数，可以输出一个或多个字符串。输入完成后，如图 1.11 所示，选择"文件"菜单中的"保存"命令（Ctrl+S）。

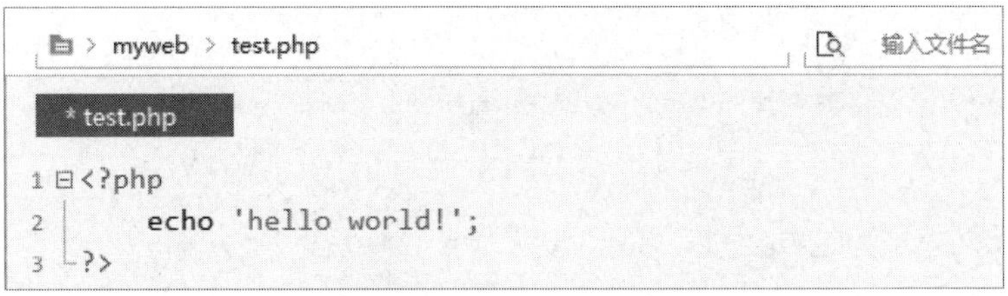

图 1.11　输入代码

打开 Chrome 浏览器，在地址栏中输入 "http://localhost/myweb/test.php"，按 Enter 键即可看到网页中显示 "hello world！"，如图 1.12 所示。地址中的 localhost 代表的是主目录 WWW，我们测试的页面是主目录下的 myweb 目录中的一个网页 test.php，地址必须明确表示出运行的网页文件路径。

图 1.12　测试网页

1.5.2　站点域名管理

虽然使用 "http://localhost/myweb/test.php" 这种形式的地址可以测试本地网页是否正常运行，但是这个地址只能用来测试，我们希望通过域名来访问网站，需要进行站点域名管理。具体操作分为下面两个步骤。

1．站点域名管理

单击任务栏中的 PHPStudy 图标，打开 PHPStudy 控制面板，单击左侧的 "网站" 按钮，在出现的 "网站" 界面中单击 "创建网站" 按钮，如图 1.13 所示。

图 1.13　"网站" 界面

在弹出的 "网站" 对话框中，进行站点域名设置，如图 1.14 所示。在 "基本配置" 选项卡的 "域名" 文本框中填写任意域名，如 www.mysite.com。需要注意的是，在输入域名的同时，会在 "根目录" 位置自动添加一个同名路径，如图 1.15 所示，如果网站项目文件夹名称与域名完全一致，则不需要重新设置根目录。

"第二域名" 文本框中可以填写不包含 "www" 的域名，即 "mysite.com"，也可以省略不写；"端口" 处默认为 "http"，端口号为 "80"，本例保持默认设置。

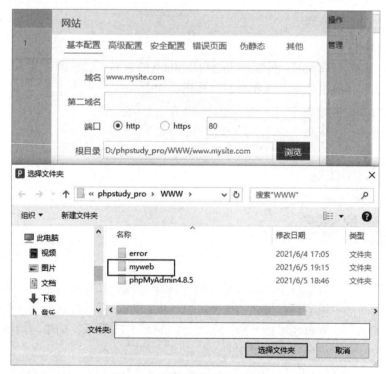

图 1.14　站点域名设置

本例中使用的域名为 "www.mysite.com"，站点项目文件夹为 "myweb"，因此需要重新指向根目录位置。单击 "根目录" 文本框右侧的 "浏览" 按钮，选择要测试的网站位置，如本例中应该是主目录下的 "myweb" 文件夹，因此选择 "计算机" → "本地磁盘（D：）" → "phpstudy_pro" → "WWW" → "myweb" 文件夹，如图 1.15 所示。选择文件夹后会自动生成网站根目录地址，如图 1.16 所示。

图 1.15　选择要测试的网站目录

图 1.16 网站根目录地址

保持"创建环境""程序类型""PHP 版本"等选项的默认设置，单击"确认"按钮，即可在界面中看到新添加的网站域名及其对应的站点路径，如图 1.17 所示，单击"好"按钮后，Apache 服务器自动重启。

图 1.17 新增网站出现在界面中

2. hosts 文件配置

在创建域名时有一个"同步 hosts"复选框用来配置 hosts 文件，该复选框是默认勾选的。勾选该复选框会自动在 hosts 文件中写入如下代码：

```
127.0.0.1    www.mysite.com
```

如果系统权限中将 hosts 设置为需要超级管理员权限才能修改，则需要单独打开该文件进行配置。

单击 PHPStudy 主界面的"设置"按钮，如图 1.18 所示，可以看到"系统设置"、"配置文件"和"文件位置"选项卡。单击"配置文件"选项卡，可以设置 php.ini、vhosts.conf、mysql.ini、hosts 等。

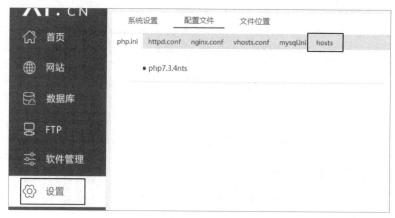

图 1.18 设置

单击图 1.18 中的 hosts 选项卡，打开 hosts 文件，在文件末尾添加如下代码：

```
127.0.0.1    www.mysite.com
```

其中"127.0.0.1"是本地计算机的 IP 地址，"www.mysite.com"是自行设置的域名，中间使用空格分开，如图 1.19 所示，保存修改，关闭 hosts。网站域名配置完成后，可以使用域名"www.mysite.com"来访问页面。如前面演示的 test.php 网页，原来是通过访问"http://localhost/myweb/test.php"的方式来查看网页的，现在也可以使用"http://www.mysite.com/test.php"来访问同一个网页，如图 1.20 所示。请注意，为什么域名的路径中缺少"myweb"这个目录呢？如果仔细检查会发现，我们在前面的配置中已经将域名"www.mysite.com"对应至"WWW/ myweb"目录，因此在路径中不必书写"myweb"这个目录。

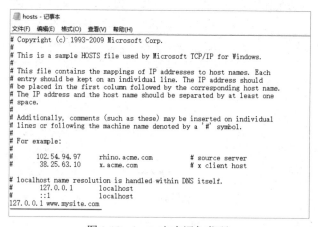

图 1.19 hosts 文末添加代码

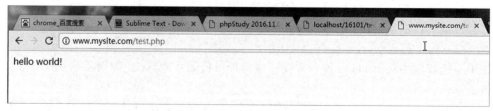

图 1.20 用域名测试网页 test.php

按照上面的操作，如果在保存 hosts 文件时出现"另存为一个.txt 文件"的提示，说明 hosts

文件不可写，需要设置 hosts 文件的写权限。我们也可以尝试以管理员权限运行记事本程序，如图 1.21 所示，然后在记事本中打开 C:\Windows\System32\drivers\etc 文件夹中的 hosts 文件，输入最后一行代码后保存即可。

图 1.21　以管理员身份运行

1.6　巩固练习

1．安装 PHPStudy 环境。
2．测试 PHPStudy 环境是否正常运行（含数据库服务器测试）。
3．测试第一个 PHP 网页。

注意：这里建议使用自己的学号命名站点文件夹；使用本地路径测试网页效果，也可以使用域名测试网页效果。

第 2 章

PHP 语法基础

2.1 基本语法

2.1.1 PHP 语法

1. PHP 语句

PHP 文件通常包含 HTML 标签及一些 PHP 脚本。PHP 脚本可放置于文档中的任何位置，以 "<?php"（称为开始标记）开头，以 "?>"（称为结束标记）结尾。当 Web 服务器解析一个 PHP 文档时，会寻找开始和结束标记，这些标记指示服务器开始和停止解析 PHP 代码的位置。PHP 文件的默认文件扩展名是 ".php"。

下面的代码是一个简单的 PHP 文件，其中包含使用内建 PHP 函数 "echo" 在网页上输出文本 "hello world" 和 "你好，世界!" 的两段 PHP 脚本，网页效果如图 2.1 所示。echo 表示输出命令，可以输出变量或字符串。

```
1.  <!DOCTYPE html>
2.  <html lang="en">
3.  <head>
4.      <meta charset="UTF-8">
5.      <title>认识 php</title>
6.  </head>
7.  <body>
8.      <?php
9.          echo "hello world<br>";
10.     ?>
11. </body>
12. </html>
13. <?php
14.     echo "你好，世界! ";
15. ?>
```

图 2.1　认识 PHP 的运行结果

2. 指令分隔符

与其他语言相同，PHP 需要在每个语句后使用半角分号 ";" 结束指令，每行一句指令。

一段 PHP 代码中的结束标记隐含表示一个分号,因此在一个 PHP 代码段中的最后一行不写分号是不会出现语法错误的,但是建议每行代码使用分号结束指令,代码如下:

```
1. <?php
2.    echo "以下是用户信息: ";
3.    echo $name;
4. ?>
```

3. 注释

PHP 代码中的注释不会被作为程序来读取和执行,而是供代码编辑者阅读,一个好的程序员必须养成注释习惯,注释有以下两个作用:

(1)使其他人理解你正在做的工作——注释可以使其他程序员了解你在每个步骤进行的工作(如果你供职于团队);

(2)提醒自己做过什么——大多数程序员都曾经历过一两年后对项目进行完善,不得不重新回顾之前做过的事情。注释可以记录程序员编写代码时的思路。

PHP 支持 C、C++等多种风格的注释,常用注释符有"//""/**/""#"。通常使用"//"和"#"作为单行注释符,使用"/**/"作为多行注释符。如下面的代码中,该网页注释了所有的输出语句,因此网页将以一个空白页面显示。

```
1. <!DOCTYPE html>
2. <html lang="en">
3. <head>
4.     <meta charset="UTF-8">
5.     <title>认识php</title>
6. </head>
7. <body>
8.     <?php
9.         //echo "hello world<br>";
10.    ?>
11. </body>
12. </html>
13. <?php
14.    /*
15.    echo "你好, 世界! <br>";
16.    echo "hello,php<br>";
17.    */
18. ?>
```

2.1.2　PHP 变量

1. 变量概念

变量是存储信息的容器,这个信息是可以发生改变的。比如我们的教室,可以被计应 1 班使用,也可以被计应 2 班使用。这里的教室相当于变量,是一个容器,来上课的班级相当于变量值,即变量中存储的信息。

2. 如何定义变量

变量可以通过"$变量名"来定义,变量名可以很短,如用 a、b 来表示,但建议同学们使用具有描述性的名称,如 username、age 等。需要注意的是,变量名区分大小写。下例创建了三个变量，即 a、age 和 AGE，变量值分别为 12、18 和 20，代码如下：

```
1.  <!DOCTYPE html>
2.  <html lang="en">
3.  <head>
4.      <meta charset="UTF-8">
5.      <title>php 变量</title>
6.  </head>
7.  <body>
8.      <?php
9.          $a=12;//定义了一个整形的变量 a
10.         define("MYSITE","16101");
11.         echo $a;
12.         $age=18;
13.         $AGE=20;
14.         echo $age;//18
15.         echo "<br>";
16.         echo $AGE;//20
17.     ?>
18. </body>
19. </html>
```

请注意，在上面的例子中，我们不必指定变量的数据类型，PHP 会根据它的值，自动把变量转换为正确的数据类型。

3. 变量命名规则

- 变量以$符号开头，其后是变量的名称；
- 变量名称只能由字母、数字、字符和下画线（A～z、0～9 以及_）组成，且变量名称不能以数字开头；
- 变量名称对大小写敏感（$a 与$A 是两个不同的变量）。

4. 变量的作用域

在 PHP 中，可以在脚本的任意位置对变量进行声明。变量的作用域指的是变量能够被引用或使用的那部分脚本。

PHP 有两种不同的变量作用域：local（局部变量）和 global（全局变量）。

- 全局变量：函数之外声明的变量具有 global 作用域，只能在函数以外进行访问。
- 局部变量：函数内部声明的变量具有 local 作用域，只能在函数内部进行访问。

下面的例子测试了具有局部和全局作用域的变量，代码如下：

```
1.  <!DOCTYPE html>
2.  <html lang="en">
3.  <head>
4.      <meta charset="UTF-8">
5.      <title>变量作用域</title>
6.  </head>
7.  <body>
8.      <?php
9.          $x=5; // 全局作用域
10.         function myTest() {
11.             $y=10; // 局部作用域
```

```
12.            echo "<p>测试函数内部的变量: </p>";
13.            echo "变量 x 是: $x";
14.            echo "<br>";
15.            echo "变量 y 是: $y";
16.        }
17.        myTest();
18.        echo "<p>测试函数之外的变量: </p>";
19.        echo "变量 x 是: $x";
20.        echo "<br>";
21.        echo "变量 y 是: $y";
22.    ?>
23. </body>
24. </html>
```

在上述代码中，变量 x 定义在函数外，所以具有全局作用域，必须在函数外调用，因此第 13 行代码在如图 2.2 所示的网页输出结果中提示未定义变量 x（Notice: Undefined variable: x in D:\phpStudy\WWW\16101\php05\3.php on line 14）而无法输出结果；另一方面，y 是在 myTest 函数中定义的，是局部变量，只能在该函数内部使用，因此第 15 行可以输出结果 10，而在函数外面的第 21 行，则会提示未定义变量（Notice: Undefined variable: y in D:\phpStudy\WWW\16101\php05\3.php on line 24），从而导致结果无法输出。网页运行结果如图 2.2 所示。

测试函数内部的变量：

Notice: Undefined variable: x in **D:\phpStudy\WWW\16101\php05\3.php** on line 14
变量 x 是：
变量 y 是：10

测试函数之外的变量：

变量 x 是：5

Notice: Undefined variable: y in **D:\phpStudy\WWW\16101\php05\3.php** on line 24
变量 y 是：

图 2.2　变量作用域网页输出

2.1.3　PHP 常量

常量是存储固定信息的容器，常量被定义后，不能再改变或者取消定义。有效的常量名以字符或下画线开头，一般采用大写字母。

通常使用 define("常量名","常量值" [, true/false])函数设置 PHP 常量，包含三个参数：第一个参数指所定义常量的名称；第二个参数是所定义常量的值；第三个参数是可选的，用于规定常量名是否对大小写不敏感，默认值为 false，可以省略不写，表示大小写敏感。下例创建了一个对大小写敏感的常量 MYSITE，常量值为"16101"，代码如下，网页输出结果为"16101"。

```
1. <!DOCTYPE html>
2. <html lang="en">
3. <head>
4.    <meta charset="UTF-8">
```

```
5.        <title>php 常量的使用</title>
6.   </head>
7.   <body>
8.        <?php
9.            //用 define 函数来定义常量
10.           define("MYSITE","16101");
11.           echo MYSITE;
12.       ?>
13.  </body>
14.  </html>
```

常量与变量的区别：

- 常量名称前面没有 $ 符号；
- 常量贯穿整个脚本，默认具有全局作用域，而变量可以根据需要来定义作用域。

2.1.4　PHP 数据类型

PHP 共支持以下 8 种数据类型。

标量类型：整型（int），浮点型（float），字符串型（string），布尔型（boolean）。

复合类型：数组（array），对象（object）。

其他类型：资源（resource），空型（NULL）。

1. 整型

整型是指不包含小数点的数字类型，可以使用十进制、十六进制（以 0x 开头）或八进制（以 0 开头）计数。

整数规则：

- 必须包含至少一个数字（0～9）；
- 不能包含逗号或空格；
- 不能有小数点；
- 正负均可。

下面的例子分别定义了一个正数、一个负数、一个八进制正数和一个十六进制正数，其中 var_dump() 会返回变量的数据类型和值，而 echo 只能输出变量的值。下面代码的运行结果如图 2.3 所示，可以看到，输出结果都已经转换为十进制形式显示。

```
1.   <!DOCTYPE html>
2.   <html lang="en">
3.   <head>
4.        <meta charset="UTF-8">
5.        <title>php 数据类型</title>
6.   </head>
7.   <body>
8.        <?php
9.            //整型
10.           $a=100;
11.           $b=-10;
12.           $c=0123;//83
13.           $d=0x1a;//26
```

```
14.        var_dump($a);//同时输出 a 的类型和值
15.        echo "<br>";
16.        var_dump($b);
17.        echo "<br>";
18.        var_dump($c);
19.        echo "<br>";
20.        var_dump($d);
21.        echo "<br>";
22.        echo $c;//只输出值
23.    ?>
24. </body>
25. </html>
```

```
int(100)
int(-10)
int(83)
int(26)
83
```

图 2.3 PHP 数据类型网页显示

2．浮点型

浮点型（float）：用来表示带有小数点的数的一种类型。

浮点数有以下两种表示方法：

（1）用普通的带有小数点的数来表示（如 1.2）；

（2）用科学记数法表示（如 10E3、2.1e-6），注意需要用 E 或者 e 表示指数幂，指 10 的几次方。

在下面的例子中，我们定义了两个浮点数，一个用小数点表示，一个用科学记数法表示，网页运行效果如图 2.4 所示。

```
1.  <!DOCTYPE html>
2.  <html lang="en">
3.  <head>
4.      <meta charset="UTF-8">
5.      <title>php 数据类型</title>
6.  </head>
7.  <body>
8.      <?php
9.          //浮点数
10.         $e=1.2;
11.         $f=10e2;//10*10^2=1000
12.         echo "<br>";
13.         var_dump($e);
14.         echo "<br>";
15.         var_dump($f);
16.         echo "<br>";
17.         echo $f;
18.     ?>
19. </body>
20. </html>
```

```
float(1.2)
float(1000)
1000
```

图 2.4　浮点数输出

3．字符型

字符型用来表示一个字符串（一系列字符构成的一个集合），字符型通常使用单引号或双引号形式来定义，字符串可以是引号内的任何文本。

下面的代码定义了两个字符串 g 和 h，第 17 行中的"."表示字符串连接符号，意思是将 g 和 h 拼接成一个字符串输出显示，效果如图 2.5 所示。

```
1.  <!DOCTYPE html>
2.  <html lang="en">
3.  <head>
4.      <meta charset="UTF-8">
5.      <title>php 数据类型</title>
6.  </head>
7.  <body>
8.      <?php
9.          //字符串
10.         $g="hello";
11.         $h='world';
12.         echo "<br>";
13.         var_dump($g);
14.         echo "<br>";
15.         var_dump($h);
16.         echo "<br>";
17.         echo $g . $h;
18.     ?>
19. </body>
20. </html>
```

```
string(5) "hello"
string(5) "world"
helloworld
```

图 2.5　字符串输出

4．布尔型

布尔型只有两个值：false 和 true，通常用来判断条件是否成立。其定义方法代码如下，分别定义了两个布尔型的变量，输出结果如图 2.6 所示。

```
1.  <!DOCTYPE html>
2.  <html lang="en">
3.  <head>
4.      <meta charset="UTF-8">
5.      <title>php 数据类型</title>
6.  </head>
7.  <body>
```

```
8.      <?php
9.          //布尔型
10.         $i=true;
11.         $j=false;
12.         var_dump($i);
13.         echo "<br>";
14.         var_dump($j);
15.         echo "<br>";
16.     ?>
17.</body>
18.</html>
```

```
bool(true)
bool(false)
```

图 2.6　布尔型输出

5. 数组

数组能够在单独的变量名中有序存储一个或多个值。下面的例子中定义了一个数组 myarray，用于存储三个姓名，数组的定义方法如下：

```
$数组名=array(元素 1, 元素 2, 元素 3…)
```

数组的命名方法与变量命名一致，数组存储的值叫作元素，元素与元素之间使用半角逗号分隔；存储的位置叫作索引，从 0 开始计数，使用数组名[索引号]来读/写数组。在下面的例子中，$myarray[2]要输出的是数组 myarray 中索引号为 2 的元素，其结果应该是"王五"，读者可以自行测试。

```
1.  <!DOCTYPE html>
2.  <html lang="en">
3.  <head>
4.      <meta charset="UTF-8">
5.      <title>php 数据类型</title>
6.  </head>
7.  <body>
8.      <?php
9.          //数组
10.         $myarray=array('张三','李四','王五');
11.         echo "<br>";
12.         echo $myarray[2];
13.     ?>
14.</body>
15.</html>
```

2.1.5　PHP 运算符

PHP 脚本中的运算符主要有算术运算符、赋值运算符、字符串运算符、递增/递减运算符、比较运算符和逻辑运算符。

1．算术运算符

算术运算除平时最常见的加减乘除以外，还有一个求模运算，即求余数，其算术运算符是"%"，如图 2.7 所示。

运算符	名称	例子	结果
+	加法	$x + $y	$x 与 $y 求和
-	减法	$x - $y	$x 与 $y 的差数
*	乘法	$x * $y	$x 与 $y 的乘积
/	除法	$x / $y	$x 与 $y 的商数
%	求模	$x % $y	$x 除 $y 的余数

图 2.7　算术运算符

下面的例子运用了不同的算术运算符，运行结果如图 2.8 所示。

```
1.  <!DOCTYPE html>
2.  <html lang="en">
3.  <head>
4.      <meta charset="UTF-8">
5.      <title>运算符</title>
6.  </head>
7.  <body>
8.      <?php
9.          //算术运算符
10.         $a=20;
11.         $b=3;
12.         $sum=$a+$b;//23
13.         $diff=$a-$b;//17
14.         $pro=$a*$b;//60
15.         $quo=$a/$b;//6.67
16.         $modu=$a%$b;//2
17.         echo "a+b=" . $sum . "<br>";
18.         echo "a-b=" . $diff . "<br>";
19.         echo "a*b=" . $pro . "<br>";
20.         echo "a/b=" . $quo . "<br>";
21.         echo "a%b=" . $modu . "<br>";
22.     ?>
23. </body>
24. </html>
```

```
a+b=23
a-b=17
a*b=60
a/b=6.6666666666667
a%b=2
```

图 2.8　算术运算结果

2．赋值运算符

赋值运算符用于向变量写入值，PHP 中基础的赋值运算符是"="，意思是使用右侧表达式为左侧变量赋值。PHP 的赋值运算符如图 2.9 所示。

赋值	等同于	描述
x = y	x = y	右侧表达式为左侧变量赋值
x += y	x = x + y	加
x -= y	x = x - y	减
x *= y	x = x * y	乘
x /= y	x = x / y	除
x %= y	x = x % y	模数

图 2.9　赋值运算符

下面的例子中运用了不同的赋值运算符，网页运行结果如图 2.10 所示。

```
1.  <!DOCTYPE html>
2.  <html lang="en">
3.  <head>
4.      <meta charset="UTF-8">
5.      <title>运算符</title>
6.  </head>
7.  <body>
8.      <?php
9.          //赋值运算符
10.         $c=5;
11.         $c+=5;//$c=$c+5;
12.         echo $c . "<br>";
13.         $c-=3;//$c=$c-3=7
14.         echo $c . "<br>";
15.         $c*=4;//28
16.         echo $c . "<br>";
17.         $c/=2;//14
18.         echo $c . "<br>";
19.         $c%=3;//2
20.         echo $c . "<br>";
21.     ?>
22. </body>
23. </html>
```

```
10
7
28
14
2
```

图 2.10　赋值运算结果

3．字符串运算符

字符运算符主要有两个，如图 2.11 所示，其中串接符 "." 的作用是将多个字符串串接成一个字符串，而串接赋值符 ".=" 的作用类似于前面的赋值符号，是将串接好的新字符串赋值给原来的变量。

运算符	名称	例子	结果
.	串接	$txt1 = "Hello" $txt2 = $txt1 . " world!"	现在 $txt2 包含 "Hello world!"
.=	串接赋值	$txt1 = "Hello" $txt1 .= " world!"	现在 $txt1 包含 "Hello world!"

图 2.11　字符串运算符

下面的例子运用了不同的字符串运算符，如果想要在两个字符串之间留有空格，必须在其中一个字符串中书写空格，如下例中的第 14 行代码，在"I like it!"前面添加了一个空格。网页运行结果如图 2.12 所示。

```
1.  <!DOCTYPE html>
2.  <html lang="en">
3.  <head>
4.      <meta charset="UTF-8">
5.      <title>运算符</title>
6.  </head>
7.  <body>
8.      <?php
9.      //字符串运算符
10.     $str1="hello";
11.     $str2="php";
12.     $str=$str1 . $str2;
13.     echo $str . "<br>";
14.     $str.="  I like it!";//$str=$str . "..."
15.     echo $str . "<br>";
16.  ?>
17. </body>
18. </html>
```

hellophp
hellophp I like it!

图 2.12　字符串运算结果

4．递增/递减运算符

PHP 中的递增/递减运算相当于 C 语言中的自加/自减运算，即++/--，具体如图 2.13 所示。

运算符	名称	描述
++$x	前递增	$x 加 1 递增，然后返回 $x
$x++	后递增	返回 $x，然后 $x 加 1 递增
--$x	前递减	$x 减 1 递减，然后返回 $x
$x--	后递减	返回 $x，然后 $x 减 1 递减

图 2.13　递增/递减运算符

递增运算与递减运算的思路相同，这里以递增运算为例。递增运算分为前递增运算和后递增运算，如果不进行输出，只是进行递增运算，则$x++和++$x 是完全相同的，都代表$x=$x+1，但是当遇到输出命令时，两者就会存在差异。假设$x=5 遇到指令 echo $x++，要执行输出结果和递增运算两个命令，对后递增而言，是先输出结果，再进行递增运算，因此网页输出结果仍然是 5，输出 5 以后，再执行递增运算，使$x 变为 6。如果$x=5 遇到指令 echo ++$x，则会先进行递增运算，再输出结果，因此网页输出结果是 6。下面的例子执行了前递增与后递增运算，如下面的代码所示，其运算结果如图 2.14 所示。

```
1.  <!DOCTYPE html>
```

```
2.  <html lang="en">
3.  <head>
4.      <meta charset="UTF-8">
5.      <title>运算符 2</title>
6.  </head>
7.  <body>
8.      <?php
9.          //++
10.         $a=10;
11.         $a++;//$a=$a+1,11
12.         $a++;//12
13.         echo $a++;//12
14.         echo "<br>";
15.         echo $a;//13
16.         echo "<br>";
17.         ++$a;//14
18.         echo ++$a;//15
19.         echo "<br>";
20.         echo $a;//15
21.         echo "<br>";
22.         echo ++$a;//16
23.     ?>
24. </body>
25. </html>
```

```
12
13
15
15
16
```

图 2.14 递增运算结果

5. 比较运算符

比较运算符用于比较两个值（数字或字符串），比较结果为布尔值。PHP 的比较运算符如图 2.15 所示。

运算符	名称	例子	结果
==	等于	$x == $y	如果 $x 等于 $y，则返回 true
===	全等（完全相同）	$x === $y	如果 $x 等于 $y，且它们类型相同，则返回 true
!=	不等于	$x != $y	如果 $x 不等于 $y，则返回 true
<>	不等于	$x <> $y	如果 $x 不等于 $y，则返回 true
!==	不全等（完全不同）	$x !== $y	如果 $x 不等于 $y，或它们类型不相同，则返回 true
>	大于	$x > $y	如果 $x 大于 $y，则返回 true
<	小于	$x < $y	如果 $x 小于 $y，则返回 true
>=	大于或等于	$x >= $y	如果 $x 大于或者等于 $y，则返回 true
<=	小于或等于	$x <= $y	如果 $x 小于或者等于 $y，则返回 true

图 2.15 比较运算符

这里重点介绍等于、全等、不全等运算符。受数学常识影响，很多人判断等于运算符使用"="表示。请注意，在程序中，"="是赋值运算符，判断是否相等要使用"=="，作用是判断运算符左侧的值是否与右侧的值相等。注意，只要值相等就返回 true，无须关心数据类型。如下文代码中的$x 是整型，$y 是字符串型，但第 12 行代码输出结果应该是 true，因为它们的值相等。

全等运算符"==="不仅会判断值是否相同，还会判断数据类型是否相同，只有两者均相同的情况下才会返回 true，因为代码中的$x 和$y 的数据类型不同，所以第 14 行代码将输出结果 false。

不全等运算符写作"!=="，只要值不同或者数据类型不同，就会返回 true。例如，下面代码中的第 20 行代码，将输出结果 true。

```
1.  <!DOCTYPE html>
2.  <html lang="en">
3.  <head>
4.      <meta charset="UTF-8">
5.      <title>运算符2</title>
6.  </head>
7.  <body>
8.      <?php
9.          //比较运算符
10.         $x=123;
11.         $y="123";
12.         var_dump($x==$y);
13.         echo "<br>";
14.         var_dump($x===$y);
15.         echo "<br>";
16.         var_dump($x!=$y);
17.         echo "<br>";
18.         var_dump($x<>$y);
19.         echo "<br>";
20.         var_dump($x!==$y);
21.         echo "<br>";
22.     ?>
23. </body>
24. </html>
```

上述代码的运行结果如图 2.16 所示。

```
bool(true)
bool(false)
bool(false)
bool(false)
bool(true)
```

图 2.16　比较运算结果

6. 逻辑运算符

逻辑运算符包含与、或、异或、非等逻辑运算符，如图 2.17 所示。

运算符	名称	例子	结果
and	与	$x and $y	如果 $x 和 $y 都为 true，则返回 true
or	或	$x or $y	如果 $x 和 $y 至少有一个为 true，则返回 true
xor	异或	$x xor $y	如果 $x 和 $y 有且仅有一个为 true，则返回 true
&&	与	$x && $y	如果 $x 和 $y 都为 true，则返回 true
||	或	$x || $y	如果 $x 和 $y 至少有一个为 true，则返回 true
!	非	!$x	如果 $x 不为 true，则返回 true

图 2.17　逻辑运算符

　　参与逻辑运算的操作数都是布尔值，返回结果也是布尔值，下面的例子中进行了与、或、非三种运算，其中，与运算可以用运算符 "and" 或 "&&" 表示，只有参与运算的操作数均为 true 时返回结果才为 true，否则为 false；或运算可以使用运算符 "or" 或 "\|\|" 表示，只要有一个参与运算的操作数为 true，运算结果为 true，否则为 false；非运算（!）执行取反操作。代码如下：

```
1.  <!DOCTYPE html>
2.  <html lang="en">
3.  <head>
4.      <meta charset="UTF-8">
5.      <title>运算符 2</title>
6.  </head>
7.  <body>
8.      <?php
9.          //逻辑运算符
10.         var_dump(true and true); //true
11.         echo "<br>";
12.         var_dump(true && false); //false
13.         echo "<br>";
14.         var_dump(true or true);  //true
15.         echo "<br>";
16.         var_dump(true || false); //true
17.         echo "<br>";
18.         var_dump(!true);         //false
19.      ?>
20. </body>
21. </html>
```

上述代码运行结果如图 2.18 所示。

```
bool(true)
bool(false)
bool(true)
bool(true)
bool(false)
```

图 2.18　逻辑运算结果

2.1.6　PHP 运算符的优先级

　　当多个不同的运算符同时出现在同一个表达式中时，由于运算符的优先级，必须遵循一定的运算顺序进行运算。与数学四则运算遵循的"先乘除，后加减"道理相同。

PHP 运算符在运算中遵循的规则是：先执行优先级高的运算，再执行优先级低的运算，同一优先级的运算按照从左到右的顺序执行。也可以像四则运算一样使用小括号，先执行括号内的运算。

前面介绍过的运算符优先级顺序从高到低依次为：递增/递减运算符、算术运算符、比较运算符、逻辑运算符、赋值运算符。

2.1.7 巩固练习

1. 通过学习识别网页中的 PHP 代码，学会定义常量、变量，掌握输出语句的使用。

（1）在 HBuilderX 中输入以下 PHP 程序并进行调试，注意每一行代码以半角分号";"结束，网页内容换行时要使用换行标记"
"。

```
1.  <!DOCTYPE html>
2.  <html lang="en">
3.  <head>
4.      <meta charset="UTF-8">
5.      <title>变量定义及输出</title>
6.  </head>
7.  <body>
8.      <?php
9.          $name="张三丰";
10.         echo "太极创始人是：";
11.         echo "<br>";
12.         echo $name;
13.     ?>
14. </body>
15. </html>
```

（2）定义变量，存储姓名、学号、年龄和性别等信息（可以使用自己的相关信息），按网页显示效果编写 PHP 脚本。网页效果如图 2.19 所示。

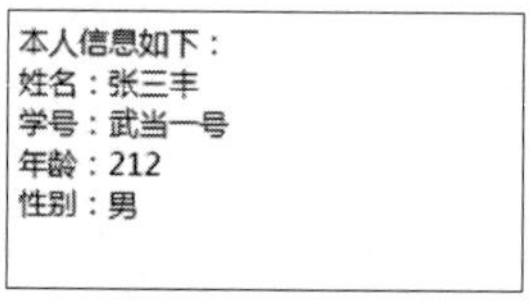

本人信息如下：
姓名：张三丰
学号：武当一号
年龄：212
性别：男

图 2.19　网页效果图

2. 数据类型、变量及运算符的应用。

（1）在 HBuilderX 中输入如下代码，在运行之前请先在"？"处填写你的计算结果，再与运行结果进行比较。

```
1.  <!DOCTYPE html>
2.  <html lang="en">
3.  <head>
4.      <meta charset="UTF-8">
5.      <title>变量的运算</title>
6.  </head>
7.  <body>
8.      <?php
```

```
9.        //在运行之前请先在?处填写你的计算结果，再与运行结果比较，如果不同，请重新理解递增递减运算
10.       $x=8;
11.       $y=5;
12.       //你认为$x++的值是？
13.       echo "$x++的值是：". $x++ . "<br>";
14.       //你认为--$y的值是？
15.       echo "--$y 的值是：". --$y ."<br>";
16.       //你认为$x++ + 10 的值是？
17.       echo "($x++ + 10)的值是：". ($x++ + 10) . "<br>";
18.       //你认为$y++ + --$y 的值是？
19.       echo "($y++ + --$y)的值是：". ($y++ + --$y) ."<br>";
20.     ?>
21. </body>
22. </html>
```

（2）在 HBuilderX 中输入如下代码。第一步：在 "？" 处填写你的答案。第二步：运行代码，并将第一步写下的答案与运行结果进行比较。第三步：如果两个结果不一致，需要思考原因。

```
1.  <!DOCTYPE html>
2.  <html lang="en">
3.  <head>
4.      <meta charset="UTF-8">
5.      <title>运算符优先级</title>
6.  </head>
7.  <body>
8.      <?php
9.          $a  = 5;
10.         $b  = 100%7;
11.         $sum= $a > $b && $a*$b > 0 ;
12.         echo "我认为 a 的值是:" . ? . " b的值是:" . ? . "sum 的值
是:" . ? . "<br/>";
13.         echo "答案是,第一轮计算后, a 为:" . $a ."; b为:". $b .";第一次计算 sum 为:
";
14.         var_dump($sum) . "<br/>";
15.         $sum= ( (++$a) + 3 ) / (2 - (--$b) ) * 3;
16.         echo "再一次计算后,我认为 a 的值是:". ? . " b的值是:". ? ."sum 的值
是:" . ? ."<br/>";
17.         echo "答案是, 第二轮计算后, a 为: " . $a ."; b为" . $b . ";第二次计算 sum 为:
". $sum . ",sum 的类型也发生变化了。";
18.     ?>
19. </body>
20. </html>
```

2.2 控制语句

在默认情况下，PHP 解释器会按照语句的编写顺序依次执行，但有些语句可以控制结构，从而改变语句的默认执行顺序，如 "条件语句"、"循环语句" 和 "跳转语句" 等。

PHP 的控制结构有顺序结构、分支结构和循环结构。顺序结构就是从上到下依次执行语句的程序结构，如图 2.20 所示。

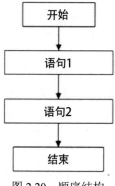

图 2.20　顺序结构

分支结构可以实现为不同的决定执行不同的动作的程序结构，通常使用条件语句来实现结构控制。分支结构有单向分支、双向分支和多向分支结构。下面具体介绍分支结构。

2.2.1　PHP 条件控制

1．单向分支——if

只有条件成立时，单向分支才会执行语句，其结构如图 2.21 所示。

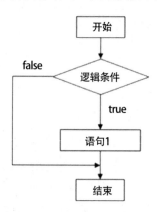

图 2.21　单向分支结构

单向分支用 if 语句来实现，其语法结构如下：

```
if (条件) {
当条件为 true 时执行的代码;
}
```

其中，条件表示需要判断的内容，可以是变量也可以是表达式；执行代码是我们要做的事情。

下面的例子假设在招聘会上，如果掌握 PHP 技能，就会被录用。代码如下，如果运行该页面，网页将显示空白，并无内容输出。

```
1.  <!DOCTYPE html>
```

```
2.  <html lang="en">
3.  <head>
4.      <meta charset="UTF-8">
5.      <title>if 单向分支</title>
6.  </head>
7.  <body>
8.      <?php
9.          //如果……就……
10.         //例如：在招聘会上，如果掌握 PHP 技能，就会被录用
11.         $skill="js";
12.         if($skill=="php"){
13.             echo "恭喜，您被录用了！";
14.         }
15.     ?>
16. </body>
17. </html>
```

如果将第 11 行代码修改如下，将变量 skill 赋值为"php"，再次运行页面，将输出如图 2.22 所示的页面。

```
1.  <!DOCTYPE html>
2.  <html lang="en">
3.  <head>
4.      <meta charset="UTF-8">
5.      <title>if 单向分支</title>
6.  </head>
7.  <body>
8.      <?php
9.          //如果……就……
10.         //例如：在招聘会上，如果掌握 PHP 技能，就会被录用
11.         $skill="php";
12.         if($skill=="php"){
13.             echo "恭喜，您被录用了！";
14.         }
15.     ?>
16. </body>
17. </html>
```

图 2.22　if 语句执行结果

运行结果表明，只有在条件满足的情况下，才会执行 if 语句{}内的内容。

2. 双向分支——if…else

顾名思义，双向分支是指程序可以从两个方向中选择一个方向来继续执行，其结构如图 2.23 所示。

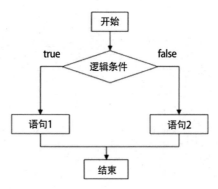

图 2.23　双向分支结构

双向分支结构使用 if...else 语句来实现，具体语法如下：

```
if (条件) {
当条件为 true 时执行的语句 1;
}else{
    条件为 false 时执行的语句 2;
}
```

上面的代码表示如果逻辑条件成立，则执行语句 1，否则执行语句 2。沿用单向分支的案例，只有在 skill 的值为"php"时网页才会输出"恭喜，您被录用了！"；如果 skill 的值不是"php"，则网页没有任何内容输出，容易使人产生误会。为避免这种情况，我们修改上面的例子为：在招聘会上，如果掌握 PHP 技能，就会被录用，否则请另谋高就。网页代码修改如下，运行结果如图 2.24 所示。

```
1.  <!DOCTYPE html>
2.  <html lang="en">
3.  <head>
4.      <meta charset="UTF-8">
5.      <title>if 双向分支</title>
6.  </head>
7.  <body>
8.      <?php
9.          //如果……就……否则……
10.         //例如：在招聘会上，如果掌握 PHP 技能，就会被录用，否则请另谋高就
11.         $skill="js";
12.         if($skill=="php"){
13.             echo "恭喜，您被录用了！";
14.         }else{
15.             echo "请另谋高就！";
16.         }
17.     ?>
18. </body>
19. </html>
```

图 2.24　if...else 语句执行结果

3．多向分支——if…elseif

当有两种以上的分支结构时，需要用到多向分支，适用于选择若干代码块之一来执行的情况，其结构如图 2.25 所示。

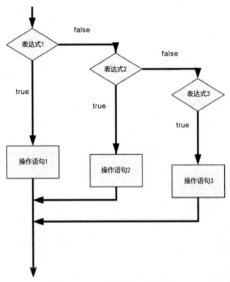

图 2.25　多向分支结构

多向分支结构使用 if…elseif 语句来实现，具体语法如下：

```
if (条件) {
当条件为 true 时执行的代码;
}elseif(条件 2){
当条件 2 为 true 时执行的代码;
}
……
}else{
当以上条件都为 false 时执行的代码;
}
```

if…elseif 通常用在多种决策判断时，将数个 if…else 合并运用处理。当条件 1 成立时，则执行相关联的代码，否则继续往下判断条件 2，如果条件 2 成立，则执行条件 2 关联的代码，否则继续往下判断条件 3……以此类推，理论上可以嵌套任意多个 elseif，直到上述 n 个条件均不成立时，则执行 else 相关联的代码。下例中将成绩百分制转换为四级制，85～100 分为优秀，70～84 分为良好，60～69 分为合格，0～59 分为不合格。使用多向分支来实现的代码如下，其运行结果如图 2.26 所示。

```
1.  <!DOCTYPE html>
2.  <html lang="en">
3.  <head>
4.      <meta charset="UTF-8">
5.      <title>elseif 语句</title>
6.  </head>
7.  <body>
```

```
8.      <?php
9.      /*例如：将百分制转换成四级制
10.     85~100   优秀
11.     70~84    良好
12.     60~69    合格
13.     0~59     不合格*/
14.         $score=90;
15.         if($score>=85){
16.             $grade="优秀";
17.             $message="很牛，离大侠不远了！";
18.         }elseif($score>=70){
19.             $grade="良好";
20.             $message="很棒，还有提升空间！";
21.         }elseif($score>=60){
22.             $grade="合格";
23.             $message="不错，继续努力！";
24.         }else{
25.             $grade="不合格";
26.             $message="要加油！";
27.         }
28.         echo "你的成绩是：" . $grade ."，" .$message;
29.     ?>
30. </body>
31. </html>
```

注意：上例中的第二个条件 70~84，很多网站开发人员会使用逻辑表达式"$score>=70 && $score<85"，这在逻辑上完全正确，运行结果也正常，为什么不这样写呢？因为既然开始判断第二个条件，说明第一个条件已经被否定，所以第二个条件只需要写作"$scror>=70"，其中已经隐含"$score<85"的前提条件，后面的条件表达式以此类推。

图 2.26　上例的运行结果

4．多向分支——switch

前面讲过，if…elseif 语句理论上可以嵌套任意多个 elseif，但是会使代码冗长，使用 switch 语句既可以避免代码冗长，又可以实现多向分支。其语法如下：

```
switch (表达式，一般为变量){
case 结果1:
执行代码1;
break;
case 结果2:
执行代码2;
break;
……
```

```
default:
执行代码
break;
}
```

switch 语句的原理如下：

对表达式（通常是变量）进行一次计算，将表达式的值与结构中 case 后面的值进行比较，如果两个值匹配，则执行与 case 关联的代码。break 语句可以用来阻止代码跳入下一个 case 中继续执行，如果没有 case 为真，则执行 default 语句。

下面的例子使用 switch 语句完成一个周计划，周一、周二学习理论知识，周三、周四到企业实践，周五总结经验，周六、周日休息和娱乐。代码如下，运行结果如图 2.27 所示。

```php
1.  <!DOCTYPE html>
2.  <html lang="en">
3.  <head>
4.      <meta charset="UTF-8">
5.      <title>switch 语句</title>
6.  </head>
7.  <body>
8.      <?php
9.          /*案例：使用 Switch 语句完成一个周计划，周一、周二学习理论知识，
10.         周三、周四到企业实践，周五总结经验，周六、周日休息和娱乐。*/
11.         $weekday=6;
12.         switch ($weekday) {
13.             case 1://$weekday==1
14.                 $plan="学习理论知识";
15.                 break;
16.             case 2:  $weekday==2
17.                 $plan="学习理论知识";
18.                 break;
19.             case 3:  $weekday==3
20.                 $plan="到企业实践";
21.                 break;
22.             case 4:  $weekday==4
23.                 $plan="到企业实践";
24.                 break;
25.             case 5:  $weekday==5
26.                 $plan="总结经验";
27.                 break;
28.             default:  $weekday==6
29.                 $plan="休息和娱乐";
30.                 break;
31.         }
32.         echo "今天的计划是: " . $plan;
33.     ?>
34. </body>
35. </html>
```

第 13 行"case 1:"表示将变量$weekday 与 1 进行比较，判断是否相等，相当于"$weekdya==1"，如果成立，则执行关联代码；如果不成立，则继续比较判断。如果所有的条件均不成立，则执行 default 关联的代码。需要注意的是，每个 case 后面以";"结尾。

图 2.27　多向分支 switch 应用运行结果

2.2.2　PHP 循环控制

循环结构是指需要反复运行同一代码块，其结构如图 2.28 所示。

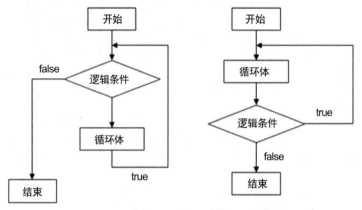

图 2.28　循环结构

我们可以使用循环语句来执行类似的任务，而不是在脚本中添加若干几乎相同的代码行。PHP 有以下循环语句：

- while：只要指定条件为真，则执行循环代码块；
- do...while：先执行一次代码块，只要指定条件为真则重复循环；
- for：循环代码块指定次数；
- foreach：遍历数组中的每个元素并循环代码块。

1．循环结构——while

只要指定条件为真，就执行循环代码块，其语法如下：

```
while (条件为真) {
要执行的代码；
}
```

下面的例子实现在网页中输出数字 1~10，要求每行一个数字。首先把变量$i 初始化为 1（$1=1）。然后执行 while 循环，只要$i 小于 11，则执行循环代码块，即输出数字，并将$i 递增 1，直到条件不满足时退出循环。代码如下，运行效果如图 2.29 所示。

```
1. <!DOCTYPE html>
2. <html lang="en">
3. <head>
```

```
4.        <meta charset="UTF-8">
5.        <title>while 语句</title>
6.    </head>
7.    <body>
8.        <?php
9.            /*在网页中输出 1~10，要求每行一个数字，类似于热门新闻排行榜前面的标号*/
10.           //当……就执行……
11.           $i=1;//初始化，起点
12.           while($i<11){//条件表达式，终点
13.               echo $i . "<br>";   //循环体
14.               $i++;//计数器
15.           }
16.       ?>
17.   </body>
18.   </html>
```

```
1
2
3
4
5
6
7
8
9
10
```

图 2.29　while 语句运行结果

下例实现在网页中输出 10 条相同的新闻，并且在句末有数字表示当前是第几条，要求每行一条新闻。实现代码如下，运行结果如图 2.30 所示。

```
1.  <!DOCTYPE html>
2.  <html lang="en">
3.  <head>
4.      <meta charset="UTF-8">
5.      <title>while 语句 2</title>
6.  </head>
7.  <body>
8.      <?php
9.          //重复输出 10 条新闻"马云无人超市正式迎客！"
10.         $i=1;
11.         $news="马云无人超市正式迎客！";
12.         while($i<11){
13.             echo $news . $i ."<br>";
14.             $i++;
15.         }
16.     ?>
17. </body>
18. </html>
```

```
马云无人超市正式迎客!1
马云无人超市正式迎客!2
马云无人超市正式迎客!3
马云无人超市正式迎客!4
马云无人超市正式迎客!5
马云无人超市正式迎客!6
马云无人超市正式迎客!7
马云无人超市正式迎客!8
马云无人超市正式迎客!9
马云无人超市正式迎客!10
```

图 2.30　while 语句 2 运行结果

2. 循环结构——do…while

首先会执行一次代码块，然后检查条件，如果指定条件为真，则重复循环体。其语法如下：

```
do {
要执行的代码;
} while (条件为真)
```

下面的例子实现在网页中输出 0～4 之间的整数，要求每行一个数字。

```
1.  <!DOCTYPE html>
2.  <html lang="en">
3.  <head>
4.      <meta charset="UTF-8">
5.      <title>dowhile 语句</title>
6.  </head>
7.  <body>
8.      <?php
9.          //输出 0～4 之间的整数，每数占一行
10.         //起点、条件表达式、计数器
11.         $i=0;
12.         do{
13.             echo $i . "<br>";
14.             $i++;
15.         }while($i<5)
16.     ?>
17. </body>
18. </html>
```

上述代码中首先把变量$i 设置为 0（$i=0），然后 do while 循环输出一个数字，并对变量$i 递增 1，再对条件进行检查（$i 是否小于 5），只要$i 小于 5，循环将会继续运行，否则退出循环，运行结果如图 2.31 所示。

```
0
1
2
3
4
```

图 2.31　do…while 输出数字运行结果

在地址栏中的网页名后面使用"？"符号连接的表达式称为查询表达式，例如地址

"http://www.mysite.com/php09/2.php?y=5"中，"http://www.mysite.com/"表示域名，"php09/"表示目录名，"2.php"表示网页名，最后的"y=5"是查询字符串。想要获得查询字符串的值，可以使用$_GET['变量名']来获取，即使用$_GET['y']来获得值 5。前面加"@"是为了避免在没有写查询字符串时出现语法提醒。

下面的例子实现在地址栏中输入一个正整数 n，网页会输出该整数（n）个项目列表元素（有序列表）。

```
1.    <!DOCTYPE html>
2.    <html lang="en">
3.    <head>
4.        <meta charset="UTF-8">
5.        <title>dowhile 语句 2</title>
6.    </head>
7.    <body>
8.        <?php
9.            //在地址栏中输入一个正整数 n，输出该整数（n）个项目列表元素（有序列表）。
10.           //$_GET['变量名']获得查询字符串中的值
11.           $y=@$_GET['y'];
12.           //echo $i;
13.           $m=1;
14.           echo "<ol>";
15.           do{
16.               echo "<li>循环语句</li>";
17.               $m++;
18.           }while($m<=$y);
19.           echo "</ol>";
20.       ?>
21.   </body>
22.   </html>
```

本例中循环输出的次数取决于地址栏中输入的整数，因此需要用到两个变量，其中$m 用于计数，$y 用于表示循环次数。上例中首先把变量 $m 设置为 1，并获得查询字符串的值 $y（$y=@$_GET['y'];）。然后 do while 循环输出一个列表项，并将变量$m 递增 1。再对条件进行检查（$m 是否小于或等于$y），只要条件成立，循环将会继续运行，否则退出循环。如果设置查询字符串 y 的值为 5，运行效果如图 2.32 所示。改变 y 的值，网页显示结果也会发生改变，读者可以自行测试。

图 2.32   do…while 输出列表内容运行效果

3. 循环结构——for

for 循环适用于已经提前确定脚本运行次数的循环结构，其语法如下：

```
for (初始值；循环条件；循环计数器的增量) {
要执行的代码;
}
```

for 语句的工作原理如下：

在循环开始前进行变量初始化，然后判断循环条件，如果值为 true，则继续循环，执行嵌套的循环语句；如果值为 false，则终止循环；最后在每次循环后进行计数器迭代，为下一次条件判断做准备。

下面的例子将输出十个"我有问题问总理"的超级链接，每行一个。

```
1.  <!DOCTYPE html>
2.  <html lang="en">
3.  <head>
4.      <meta charset="UTF-8">
5.      <title>for循环</title>
6.  </head>
7.  <body>
8.      <?php
9.      //输出10个"我有问题问总理"的超级链接，每行一个。
10.     for($i=1;$i<11;$i++){
11.         echo "<a href='#'>我有问题问总理</a><br>";
12.     }
13.     ?>
14. </body>
15. </html>
```

上述代码中首先把变量$i 初始化为 1（$i=1），然后对变量$i 进行条件检查（$i 是否小于 11）。只要$i 小于 11，则继续执行循环语句，即输出包含空链接的内容，否则退出循环；执行循环后，变量$i 递增 1，继续进行条件判断……直到退出循环，运行效果如图 2.33 所示。

图 2.33　for 循环运行效果

上面的例子输出了十行相同的内容，密密麻麻容易混行，将单双行使用不同颜色或不同背景色显示即可解决这个问题。

在网页头部定义样式，设置两种字体颜色。然后判断单双行，单行使用绿色字体，双行则使用红色字体。首先使用循环语句重复输出内容，再在循环体内使用条件语句判断单双行，为其设置对应的字体样式即可实现要求，具体代码如下：

```
1.  <!DOCTYPE html>
2.  <html lang="en">
3.  <head>
4.      <meta charset="UTF-8">
5.      <title>for循环2</title>
```

```
6.       <style>
7.           .red{
8.               color: red;
9.               background-color: blue;
10.          }
11.          .green{
12.              color: green;
13.              background-color: #ccc;
14.          }
15.      </style>
16. </head>
17. <body>
18.     <?php
19.     //输出 8 行数据，文字颜色采用交叉方式显示。
20.     for($i=1;$i<9;$i++){
21.         if($i%2==0){
22.             echo "<a href='#' class='red'>我有问题问总理</a><br>";
23.         }else{
24.             echo "<a href='#' class='green'>我有问题问总理</a><br>";
25.         }
26.
27.     }
28.     ?>
29. </body>
30. </html>
```

上面的例子使用$i%2 的值来判断单双行，如果模为 0，即能被 2 整除，为双行；模为 1 则为单行。再根据结果添加对应的样式，运行结果如图 2.34 所示。

我有问题问总理
我有问题问总理
我有问题问总理
我有问题问总理
我有问题问总理
我有问题问总理
我有问题问总理
我有问题问总理

图 2.34　循环+条件的应用运行效果图

我们发现，上面介绍的三种循环语句有一个共同点，称为循环三要素：

- 初始条件，即初始化，表示从哪里开始循环（起点）；
- 条件判断，即条件表达式，表示到哪里结束循环（终点）；
- 变量迭代，即变量的改变，表示已经进行了几次循环（计数器）。

4．循环结构——foreach

foreach 循环只适用于数组，用于遍历数组中的每个键/值。其语法如下：

```
foreach(数组  as  变量){
要执行的代码;
```

```
      }
```
　　或者
```
foreach (数组 as $key => 变量){
要执行的代码;
}
```
　　每进行一次循环迭代，当前数组元素的值就会被赋予变量，并且数组指针会逐一移动，直到到达最后一个数组元素。

　　下面的例子定义了一个数组$sorce，包含四个元素，使用 foreach 循环遍历所有的元素值，具体代码如下。每一次循环均会将元素的值赋予变量$link，输出显示时用到了转义符号"\"，表示一个双引号，案例链接为空链接，运行结果如图 2.35 所示。

```
1.  <!DOCTYPE html>
2.  <html lang="en">
3.  <head>
4.      <meta charset="UTF-8">
5.      <title>foreach 语句</title>
6.  </head>
7.  <body>
8.      <?php
9.          //从数组中输出元素，并组合成一个在线资源网址
10.         $sorce=array("php中文网","php手册","菜鸟教程","w3school在线教程");
11.         foreach ($sorce as $key => $link) {
12.             echo "<a href=\"#\">$link</a><br>";
13.         }
14.     ?>
15. </body>
16. </html>
```

```
php中文网
php手册
菜鸟教程
w3school在线教程
```

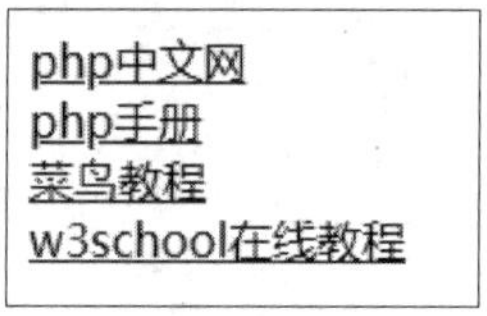

图 2.35　foreach 语句运行结果

　　下面的例子通过定义一个颜色数组，使网页文字以不同颜色输出，代码如下，首先定义一个颜色数组$colors，数组值为若干个自定义的颜色，颜色可以用表示颜色的英文单词如 red 表示；也可以用"#"开头的六位十六进制数字表示，如#AABBCC，可以简写为#ABC；颜色还可以用 rgb(r,g,b)表示，括号中的 r、g、b 表示红绿蓝三种颜色值，可以用 0~255 之间的数字表示，如 rgb(255,255,255)表示白色。foreach 循环体内使用行内样式设置字体颜色，如红色字体会设置文字颜色为红色，代码运行结果如图 2.36 所示。

```
1.  <!DOCTYPE html>
2.  <html lang="en">
3.  <head>
4.      <meta charset="UTF-8">
5.      <title>foeach 语句 2</title>
6.  </head>
7.  <body>
8.      <?php
```

```
9.          //输出 6 行数据，每行数据颜色自定义
10.         $colors=array("rgb(0,0,0)","#666","#999","#ccc","#123","#789");
11.         foreach ($colors as $key => $color) {
12.             echo "<p style='color:$color'>神奇的 PHP</p>";
13.         }
14.     ?>
15. </body>
16. </html>
```

图 2.36　foreach 语句 2 效果图

总结： 本阶段主要介绍 PHP 运行环境、PHP 的基本语法、常量和变量的使用、运算符的作用以及流程控制，引导读者初步了解 PHP。掌握 PHP 的基础是后续项目开发的必备条件。

2.2.3　巩固练习

1. 单向分支与双向分支的应用。

（1）输出网页元素（500px*200px 的盒子，带边框），根据给定条件确定是否添加盒子的背景色，如给定 "1"，即显示浅灰色（#EFEFEF）背景，如图 2.37 所示。

图 2.37　显示带背景色的盒子

显示背景参考代码如下：

```
1.  <!DOCTYPE html>
2.  <html lang="en">
3.  <head>
4.      <meta charset="UTF-8">
5.      <title>符合条件时显示背景色</title>
6.      <style>
7.          #box{
8.              width: 500px;
9.              height: 200px;
10.             border: 1px solid #ccc;
11.         }
12.         .bg{
13.             background-color: #efefef;
14.         }
15.     </style>
16. </head>
```

```
17. <body>
18.     <?php
19.     $tj=0;
20.     echo "<div id='box' ";//注意id='box'之后留有空格
21.         if($tj==1){
22.             echo "class='bg'";
23.         }
24.     echo "></div>";
25.     ?>
26. </body>
27. </html>
```

（2）当给定条件为"1"时，在"体育新闻报道：伦敦奥运"文字后面添加图片，显示效果如图 2.38 所示；条件为"0"时，显示效果如图 2.39 所示。

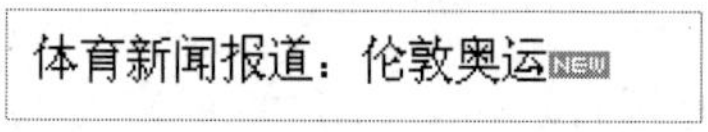

体育新闻报道：伦敦奥运

图 2.38　条件为 1 时的效果

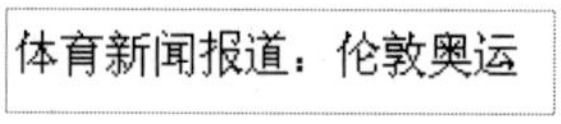

体育新闻报道：伦敦奥运

图 2.39　条件为 0 时的效果

2．多向分支应用。

（1）根据不同的时间段显示不同的问候语，如下所示：

0:00 至 6:00，显示"非常感谢您光临，请注意休息！"；

6:00 至 8:00，显示"早上好，新的一天开始了，努力！"；

8:00 至 12:00，显示"上午好，欢迎光临，希望可以给您带来好心情！"；

12:00 至 14:00，显示"中午好，吃完午饭休息一阵子吧，身体是革命的本钱噢！"；

14:00 至 18:00，显示"下午好，今天一天有收获吗？"；

18:00 至 24:00，显示"晚上好，明天又是新的开始，加油！"。

显示效果如图 2.40 所示。

图 2.40　根据时间段显示不同的问候语

根据时间段显示不同问候语的参考代码如下：

```
1.  <!DOCTYPE html>
2.  <html lang="en">
3.  <head>
4.      <meta charset="UTF-8">
5.      <title>根据时间段显示不同的问候语</title>
6.  </head>
7.  <body>
8.      <?php
9.          date_default_timezone_set("PRC");//设置中国时区
10.         $hour=date("H");//获取当前时间的小时部分，如14:25分可获得小时部分14
```

```
11.          if($hour>=0 && $hour<6){
12.              echo "非常感谢您光临，请注意休息！";
13.          }elseif($hour<8){
14.              echo "早上好，新的一天开始了，努力！";
15.          }elseif($hour<12){
16.              echo "上午好，欢迎光临，希望可以给您带来好心情！";
17.          }elseif($hour<14){
18.              echo "中午好，吃完午饭休息一阵子吧，身体是革命的本钱噢！";
19.          }elseif($hour<18){
20.              echo "下午好，今天一天有收获吗？";
21.          }else{
22.              echo "晚上好，明天又是新的开始，加油！";
23.          }
24.     ?>
25. </body>
26. </html>
```

（2）根据给定的字符串，显示不同的操作提示，如$action 初始值为"add"，则网页显示
"执行添加程序"；$action 初始值为"modify"，则网页显示"执行修改程序"；$action 初始值
为"del"，则网页显示"执行删除程序"；上述条件均不成立时，显示"执行检索程序"。运行
结果如图 2.41 所示。

图 2.41　运行结果

根据给定的字符串显示不同操作的参考代码如下：

```
1.  <!DOCTYPE html>
2.  <html lang="en">
3.  <head>
4.      <meta charset="UTF-8">
5.      <title>根据给定的字符串，显示不同的操作</title>
6.  </head>
7.  <body>
8.      <?php
9.          $action="modify";
10.         switch($action){
11.             case 'add'://case 后的符号为冒号
12.                 echo "执行添加程序";
13.                 break;
14.             case 'modify':
15.                 echo "执行修改程序";
16.                 break;
17.             case 'del':
18.                 echo "执行删除程序";
19.                 break;
20.             default:
21.                 echo "执行检索程序";
```

```
22.              break;
23.          }
24.      ?>
25. </body>
26. </html>
```

3）在网页中设计一个带边框的大盒子和三个颜色块，单击不同颜色块，大盒子将以所选色块的颜色作为背景色显示，界面如图 2.42 所示。

图 2.42 按需显示背景颜色效果

3. 循环语句应用。

（1）显示数字 1~20 的求和表达式，效果如图 2.43 所示。

图 2.43 数字 1~20 求和表达式显示效果

数值 1~20 求和的参考代码如下：

```
1.  <!DOCTYPE html>
2.  <html lang="en">
3.  <head>
4.      <meta charset="UTF-8">
5.      <title>数字 1~20 求和</title>
6.  </head>
7.  <body>
8.      <?php
9.          $i=1;
10.         $sum=0;
11.         $result="";
12.         while($i<=20){
13.             if($i<20){
14.                 $result .= $i . "+";
15.             }else{
16.                 $result .= $i;
17.             }
18.             $sum += $i;
19.             $i++;
20.         }
21.         $result .= "=$sum";
```

```
22.        echo $result;
23.    ?>
24.</body>
25.</html>
```

（2）网页输出效果如图 2.44 所示，类似 top10 排行榜。

（3）输出 8 行数据，文字背景颜色采用交叉方式显示，效果如图 2.45 所示。

图 2.44　top10 效果图 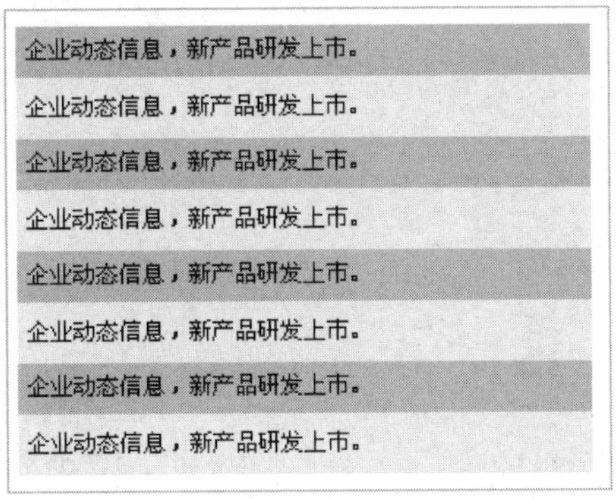　　　　　图 2.45　交叉背景颜色显示信息效果

交叉背景颜色显示信息参考代码如下：

```
1.  <!DOCTYPE html>
2.  <html lang="en">
3.  <head>
4.      <meta charset="UTF-8">
5.      <title>交叉背景颜色显示信息</title>
6.      <style>
7.          body{ font-size: 12px; color: #333;}
8.          span{ display: block; height: 20px; line-
height: 20px; width: 300px; padding: 3px 5px;}
9.          span.color1{background-color: #b5cbe0;}
10.         span.color2{background-color: #e8f2fe;}
11.     </style>
12. </head>
13. <body>
14. <?php
15. for($i=1;$i<=8;$i++){
16.     if($i%2==1){
17.         echo '<span class="color1">企业动态信息，新产品研发上市。</span>';
18.     }else{
19.         echo '<span class="color2">企业动态信息，新产品研发上市。</span>';
20.     }
21. }
22. ?>
23. </body>
24. </html>
```

（4）输出 8 个 div 盒子（100px×120px，有边框），效果如图 2.46 所示。

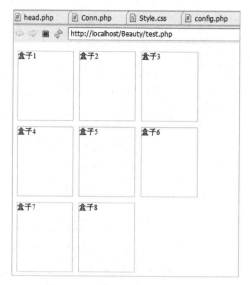

图 2.46　8 个 div 盒子显示效果

输出 8 个 div 盒子的参考代码如下：

```
1.  <!DOCTYPE html>
2.  <html lang="en">
3.  <head>
4.      <meta charset="UTF-8">
5.      <title>输出 8 个 div 盒子</title>
6.      <style>
7.      #box{width:350px;height: 300px;padding:10px; }
8.      .smallbox{ width:100px;height: 120px;float: left;line-height: 100px;
9.      text-align: center; border: 1px solid #333; margin-right: 10px;
10.     margin-bottom: 10px;}
11.     </style>
12. </head>
13. <body>
14. <div id="box">
15. <?php
16. for($i=1;$i<=8;$i++){
17.     echo '<div class="smallbox">盒子'.$i.'</div>';
18. }
19. ?>
20. </div>
21. </body>
22. </html>
```

第 2 篇　项目实战分析篇

第 3 章

项目功能分析

在进行项目开发前，一定要先明确需求，否则后期由于需求变动，导致项目后期开发困难，甚至影响项目进度。

Web 项目的开发流程一般分为如下几个阶段：

1．明确需求阶段

2．项目原型阶段

3．UI 设计阶段

4．前端页面设计阶段

5．后台开发阶段

6．代码测试阶段

7．上线阶段

8．代码维护阶段

本教程以明确项目需求、界面设计、前台开发、后台开发为主线进行 Web 项目开发介绍。

3.1　明确网站功能需求

启航纺织有限公司是一家专门致力于高附加值时尚棉纺织品的制造与销售的棉纺织品供应商。该公司进行网站开发是为了树立企业品牌形象，并为企业产品的推广、销售搭建平台。

3.1.1　网站前台功能需求

根据公司基本要求，确定该公司网站的基本需求和功能。

1．网站首页是打开网站时显示的第一页，通常以综合网页内容形式展现，公司网站首页一般包含以下内容：

- 网站导航条栏目可以更改，可以设置二级栏目；
- 有动态的宽幅广告，并且可以自由设置广告的内容和顺序；
- 显示公司的新产品或热点产品；
- 显示公司相关的新闻；
- 其他企业网站的基本功能。

2．公司简介：介绍公司信息，展示企业形象 、荣誉、资质证书、企业文化等。

3．产品展示：以网上商城的形式展示企业的产品或者服务，一般有以下要求：

- 图文并茂，每页显示固定数量的产品；
- 可以按照分类查看产品；
- 具有搜索功能；

- 可以线上购买产品或服务。

4．新闻动态：发布企业、产品新闻或者行业新闻资讯等。

5．咨询中心：网站访客可以在线提交留言反馈信息。

6．人力资源：企业发布人才理念和人才招聘信息。

7．联系我们：企业的具体联系方式等。

根据上述功能分析，功能结构如图 3.1 所示。

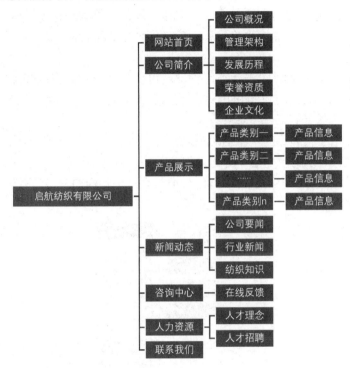

图 3.1　功能结构

3.1.2　网站后台功能需求

　　网站的后台由网站管理员操作，通过直观易懂的界面对网站前台信息进行编辑管理。根据企业网站的基本要求，启航纺织有限公司网站后台的基本需求和功能如下。

　　1．后台登录页：除提供账号密码外，管理员登录还要求提供随机验证码，防范恶意登录。登录成功后显示的内容会根据管理员级别有所区分，超级管理员拥有最高权限，可以进行任何操作。

　　2．后台首页：管理员登录成功后显示的第一页，通常显示服务器的信息、系统信息及一些常用快捷管理。

　　3．企业信息管理：用于编辑企业的基本信息，如网站名称、网址、公司名称、logo、ICP备案证书号及联系方式等。

　　4．网站管理员：

　　超级管理员：可以修改自己的密码，也可以添加新的管理员，修改其他管理员的信息或删除管理员；

其他级别的管理员：只能修改自己的密码。

5．单页面管理：网站上显示数量少且不经常更新的内容，如公司简介、企业荣誉、发展历程、联系方式等内容，可以采用单页管理，操作方法与新闻的编辑方法相同，包括添加单页面、编辑和删除已有页面信息等。

6．自定义导航栏：设置网站导航内容和显示顺序，具体包括添加、编辑和删除功能。

7．首页幻灯广告：设置首页幻灯广告图片和显示顺序。

8．产品分类：对公司产品进行类别管理，可以进行添加、修改和删除操作。

9．产品列表：显示已发布产品的简单信息，在该页面可以添加新产品、编辑或删除现有产品。

10．纺织动态分类：对公司新闻进行类别管理，可以进行添加、修改和删除操作。

11．纺织动态列表：显示已发布新闻的简单信息，在该页面可以添加新闻、编辑或删除现有新闻。

12．招聘列表：显示应聘人员的基本信息列表，方便人事管理部门择优录用。

13．产品预订列表：显示订单信息，并更新订单状态。

14．咨询列表：显示访客的咨询信息，方便公司与客户进行沟通。

根据上述功能分析，功能结构如图 3.2 所示。

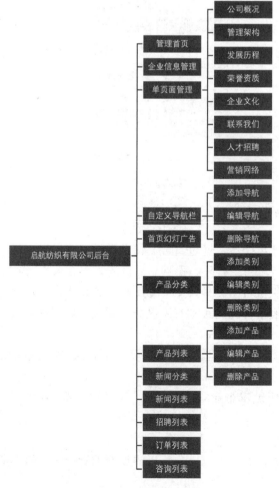

图 3.2 网站后台功能结构

3.2　网站界面设计

3.2.1　网站前台界面设计

根据功能需求，设计出 2～3 套界面效果图供需求方选择，本例前台部分界面效果如图 3.3～图 3.8 所示。

图 3.3　首页效果图

图 3.4　产品列表效果图

图 3.5　产品详细信息效果图

图 3.6　新闻列表效果图

图 3.7　新闻内容效果图

图 3.8　用户中心效果图

3.2.2　网站后台界面设计

　　网站后台界面要求简洁明了，操作性强。本项目结合浮动框架完成后台界面，效果如图 3.9 所示。界面顶部为登录管理员信息；界面主体左侧为管理菜单，通过单击菜单中的导航，在界面主体右侧浮动框架内显示对应内容，默认为效果图中的管理首页；界面底部为版权信息。

图 3.9　后台主页面

浮动框架代码为：

```
<iframe src="main.html" width="100%" height="100%" frameborder="0"
scrolling="auto" name="main"></iframe>
```

浮动框架 iframe 的 src 属性用于设置打开的默认页面；width 和 height 用于设置框架的宽和高；frameborder 用于设置是否显示框架边框，为 0 表示不显示，为 1 表示显示；scrolling 用于设置框架滚动条，值可以是 yes、no 或 auto。yes 表示显示滚动条，no 表示不显示滚动条，auto 表示根据框架内容自动显示滚动条；name 用于设置该浮动框架的名称。

主体左侧的管理菜单为超链接，通过设置 target 属性指定打开链接的位置，如：

```
<a href="productlist.html" target="main">产品列表</a>
```

单击产品列表即可在右侧浮动框架中打开产品列表，注意 target 的值必须与打开位置对应的浮动框架的 name 值相同。

相对于前台界面而言，后台界面比较简单，后台纺织动态列表界面效果如图 3.10 所示，其余管理界面将在后台代码开发阶段展示，读者可以先行浏览。

图 3.10　后台纺织动态列表

3.3 巩固练习

    1．任意打开一个网站，分析其功能，并绘制功能结构图。

    2．运行模板中的各个页面，对项目的前台和后台页面有整体认知。

    3．分别下载一个前台模板和后台模板，作为拓展练习资源。

第4章

数据库分析与创建

4.1 网站数据库分析

根据网站的功能需求，可以得到如下信息。

1．产品展示：显示产品信息，显示的形式。（产品信息表）

产品信息主要包含产品名称，产品类别、产品缩略图、产品详细介绍、产品价格、门幅、密度、产品发布时间、产品点击数、是否置顶、是否热销等。

2．纺织动态：显示公司新闻、业内新闻和纺织知识，以新闻形式展现。（新闻信息表）

新闻信息主要包含新闻标题、新闻内容、新闻发布时间、来源、点击数、新闻类别等。

3．公司概况、管理架构、发展历程、荣誉资质、企业文化、销售网络、人才理念和联系方式等公司的相关基本信息，通常只包含少量的信息数据，更新较少，将这些信息整合到一个数据表中，主要包含信息标题、信息内容、信息类别等。（公司信息表）

4．动态宽幅广告：改变内容和顺序。（广告信息表）

动态广告主要包含广告标题、广告图片、广告链接地址、广告是否显示、广告显示顺序等。

5．在线反馈：客户可以在线发布留言信息。（留言信息表）

主要包含留言者，联系方式，留言内容，回复方式，留言时间等。

6．网站基本信息：网站的基本信息，如网站名、公司名，版权信息等。（网站基本信息表）

7．管理员：网站的维护人员相关信息，如管理员账号、密码、级别、管理的内容、登录次数等。（管理员信息表）

4.2 数据表物理设计

4.2.1 网站基本信息表（config）

config 表用于存储网站相关的基本信息，如表 4.1 所示。

表 4.1 config

字段名称	数据类型	字段描述
id	int(11)	编号
name	varchar(100)	网站名称
company	varchar(255)	公司名
logo	varchar(255)	logo
url	varchar(255)	网址

续表

字段名称	数据类型	字段描述
address	varchar(255)	公司地址
tel	varchar(50)	联系电话
fax	varchar(50)	传真
email	varchar(100)	email
icp	varchar(50)	icp
icpurl	varchar(255)	icp 地址
instructor	varchar(100)	技术支持
copyright	varchar(100)	版权
spost	varchar(20)	邮编
contact	varchar(255)	联系方式

4.2.2 公司简介信息表（about）

about 表用于存储公司概况、管理架构、发展历程、荣誉资质、企业文化、销售网络、人才理念和联系方式等公司相关基本信息，如表 4.2 所示。

表 4.2 about

字段名称	数据类型	字段描述
id	int(11)	编号
title	varchar(30)	信息名称
content	text	信息内容
keywords	varchar(255)	关键词
des	varchar(255)	网站描述

4.2.3 宽幅广告信息表（adv）

adv 表用于存储公司网站的首页滚动广告信息，如表 4.3 所示。

表 4.3 adv

字段名称	数据类型	字段描述
id	int(11)	编号
image	varchar(255)	大图片
title	varchar(100)	标题
isdisplay	tinyint(1)	是否显示（0 不显示，1 显示）
sort	tinyint(4)	顺序（排序）

4.2.4 公司新闻信息表（news）

news 表用于存储公司的新闻信息，如表 4.4 所示。

表 4.4 news

字段名称	数据类型	字段描述
id	int(11)	编号
title	varchar(150)	标题

字段名称	数据类型	字段描述
content	text	内容
createtime	int(10)	发布时间
hits	int(11)	点击率
istop	tinyint(1)	是否置顶：0 否，1 是
cid	int(11)	新闻类别
tofrom	varchar(150)	来源

4.2.5 新闻类别表（newsclass）

newsclass 表用于存储新闻分类信息，如表 4.5 所示。

表 4.5   newsclass

字段名称	数据类型	字段描述
id	int(11)	编号
classname	varchar(20)	类别名称
sort	int(11)	排序

4.2.6 导航信息表（nav）

nav 表用于存储导航条信息，如表 4.6 所示。

表 4.6   nav

字段名称	数据类型	字段描述
id	int(11)	编号
name	varchar(30)	栏目名
url	varchar(255)	链接地址
sort	int(11)	排序
parentid	int(11)	所属上级目录（父目录）

4.2.7 公司产品信息表（product）

product 表用于存储公司产品信息，如表 4.7 所示。

表 4.7   product

字段名称	数据类型	字段描述
id	int(11)	编号
name	varchar(150)	产品名称
image	varchar(255)	产品缩略图
content	text	产品详细信息
cid	int(11)	产品类别
createtime	int(10)	发布时间
hits	int(11)	点击率
istop	tinyint(1)	是否置顶：0 否，1 是

字段名称	数据类型	字段描述
ishot	tinyint(1)	是否热销：0 否，1 是
price	float	单价
midu	varchar(100)	面料密度
menfu	varchar(100)	面料门幅
chengfen	varchar(100)	面料成分

4.2.8　产品类别表（productclass）

productclass 表用于存储产品分类信息，如表 4.8 所示。

表 4.8　productclass

字段名称	数据类型	字段描述
id	int(11)	编号
classname	varchar(30)	类别名称
sort	int(11)	排序

4.2.9　公司留言信息表（message）

message 表用于存储留言反馈信息，如表 4.9 所示。

表 4.9　message

字段名称	数据类型	字段描述
id	int(11)	编号
username	varchar(50)	用户姓名
phone	varchar(50)	电话
email	varchar(100)	email
contact	varchar(255)	其他联系方式
content	text	留言内容
createtime	int(10)	留言时间
reply	text	管理员回复

4.2.10　管理员信息表（admin）

admin 表用于存储公司管理员信息，如表 4.10 所示。

表 4.10　admin

字段名称	数据类型	字段描述
id	int(11)	编号
adminname	varchar(100)	账号
adminpwd	varchar(100)	密码
logins	int(11)	登录次数
lasttime	int(11)	最后登录时间
lastip	varchar(60)	最后登录 ip
level	int(11)	管理员级别
manage	varchar(255)	管理内容

4.2.11 会员信息表（user）

user 表用于存储会员信息，方便线上购买产品，如表 4.11 所示。

表 4.11 user

字段名称	数据类型	字段描述
id	int(11)	编号
username	varchar(100)	账号
password	varchar(100)	密码
nickname	varchar(30)	昵称
header	varchar(100)	头像
email	varchar(30)	邮箱
phone	varchar(30)	电话
sex	varchar(3)	性别
logins	int(11)	登录次数
regtime	int(10)	注册时间
pointer	int(11)	积分
addr	int(11)	默认收货地址
status	tinyint(1)	状态

4.2.12 收货地址信息表（address）

每个会员允许设置多个不同的收货地址，address 表用于存储会员的收货地址信息，如表 4.12 所示。

表 4.12 address

字段名称	数据类型	字段描述
id	int(11)	编号
addr	varchar(255)	收货地址
realname	varchar(100)	收货人姓名
phone	varchar (20)	收货人电话
uid	int(11)	买家 id

4.2.13 购物车信息表（cart）

cart 表用于存储买家的购物信息，如表 4.13 所示。

表 4.13 cart

字段名称	数据类型	字段描述
id	int(11)	编号
sid	int(11)	产品编号
num	int(11)	数量
uid	int(11)	买家 id
name	varchar(100)	商品名称
price	float	商品单价
image	varchar(100)	商品图片

4.2.14　订单信息表（orderlist）

orderlist 表用于存储买家的订单信息，如表 4.14 所示。

表 4.14　orderlist

字段名称	数据类型	字段描述
id	int(11)	编号
ordernum	varchar(20)	订单号
sid	int(11)	产品编号
num	int(11)	数量
uid	int(11)	买家 id
name	varchar(100)	商品名称
price	float	商品单价
image	varchar(100)	商品图片
addresss	varchar(255)	收货地址
createtime	int(10)	订单生成时间
isdelete	tinyint(1)	是否删除
status	tinyint(1)	订单状态
kuaidi	varchar(50)	快递名称
number	varchar(50)	快递单号

实际项目开发中，数据表根据项目需求来创建，各数据表的字段、属性都需要考虑实际需求，本例中的数据表仅作为参考，读者也可以按需调整。

4.3　创建 MySQL 数据库

4.3.1　登录 MySQL 数据库服务器

本教程使用网页方式登录 MySQL 数据库服务器，并执行创建数据库、创建数据表操作。在浏览器地址栏输入 http://localhost/phpMyAdmin4.8.5，或者在 PHPStudy 控制面板右上角的"一键启动"菜单中单击"数据库工具"选项，选择 phpMyAdmin，打开数据库管理网站登录界面，在打开的页面（如图 4.1 所示）中输入默认的用户名（root）和密码（root），登录 MySQL 数据库服务器。

图 4.1　mysql 网页登录界面

4.3.2　MySQL 服务器主界面

成功登录 MySQL 数据库服务器后，可以看到如图 4.2 所示界面，左侧是数据库服务器中已经存在的数据库列表，在工具栏中可以进行数据库的相关操作，单击"数据库"按钮可以新建数据库，如图 4.3 所示；单击"SQL"按钮则可以使用 SQL 查询命令来操作数据库，如图 4.4 所示；单击"状态"按钮可以查看该数据库服务器的运行状态相关数据；单击"用户"按钮可以查看该数据库服务器的用户概况，修改用户的登录密码，或者添加用户、删除用户等；单击"导入""导出"按钮可以对需要的数据库进行备份和恢复。除此之外，在本界面中还可以查看数据库服务器版本、网站服务器等基本信息，以及修改密码和进行外观设置。

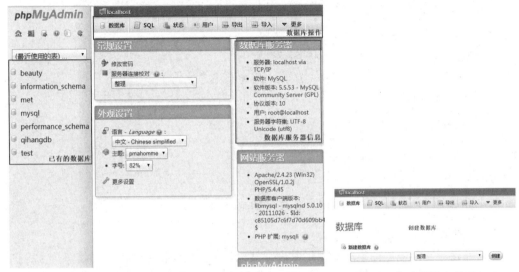

图 4.2　数据库服务器操作主界面　　　　图 4.3　创建数据库界面

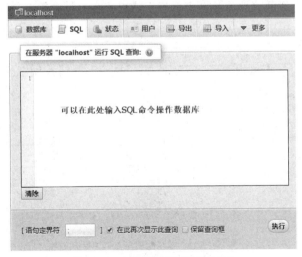

图 4.4　sql 命令操作数据库界面

4.3.3　创建数据库与数据表

动态网站的内容来自数据库，数据库是网站相关内容的信息仓库，为了方便管理，我们将一个网站的信息存储到一个数据库中，不同的信息存储到不同的数据表中。

1. 创建数据库

本例我们创建一个新的数据库 qihangdb，用于存储启航纺织有限公司网站的所有内容。在图 4.2 中单击右上角的"数据库"按钮，进入图 4.3 所示界面，在文本框中输入数据库名 qihangdb，在"整理"下拉框中选择数据库编码方式，本例采用国际通用的 utf8_general_ci 编码方式，单击"创建"按钮即可完成 qihangdb 数据库的创建，目前数据库是空白的，不包含任何数据表和数据记录，如图 4.5 所示。

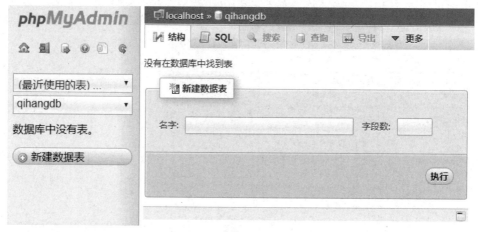

图 4.5　创建 qihangdb 数据库

2. 创建数据表

数据库将不同的信息抽象成数据记录来存储，将不同的网站包含的不同信息分类存储到不同的数据表中进行管理。本例根据 4.2 节中的数据表设计，依次进行 qihangdb 数据库中的数据表设计，单击图 4.5 左侧的"新建数据表"按钮或直接在右侧输入新数据表的名字和字段数，单击"执行"按钮，均可以创建数据表。这里以创建 about 表为例进行讲解。

在图 4.5 的右侧"名字"文本框中输入表名 about，4.2 节中的 about 表设计共有 5 个字段，因此在"字段数"文本框内输入"5"，单击"执行"按钮，如图 4.6 所示。

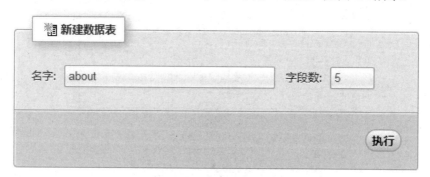

图 4.6　创建 about 表

在图 4.7 中依次输入 about 表中的 5 个字段名称，分别设置数据类型、长度等属性，常用的数据类型如表 4.15 所示，根据网站内容选择正确的数据类型和长度；如果某个字段有默认值，可以在"默认"对应位置选择"定义"选项，然后输入默认值；"整理"选项卡用于设置编码类型，可以保留默认设置；每个字段的属性有四个选项：binary、unsigned、unsigned zerofill 和 on upadte current_timestamp，其中 binary 表示二进制，只用于 char 和 varchar；unsigned 表示无符号数，即非负数，只针对整型；unsigned zerofill 表示显示最大显示宽度。如果在定义字段时指定 unsigned zerofill，当数值的显示宽度小于指定的列宽度时，则默认补充的空格用 0 代替。on upadte current_timestamp 表示在执行 update 操作时，无论字段值有无变化，其值都会更新为当前 update 操作的时间，建表时一般不进行属性设置；"空"表示该字段是否允许为空值，如果允许，需要选中对应的复选框。"索引"一共有四个选项：primary、unique、index 和 fulltext，其中 primary 是主键索引，每个表只能有一个主键，不允许有空值；unique 是唯一索引，索引列的值必须唯一，但允许有空值；index 是普通索引，是最基本的索引，没有任何限制；fulltext 表示全文索引，主要用来查找文本中的关键字，而不是直接与索引中的值进行比较；"AUTO_INCREMENT(A_I)"用于设置是否需要自动增加，一般主键需要勾选该属性；最后的"注释"用于描述字段表示的意思。每个字段设置完成后，在"表注释"中可以填写该数据表的中文名字，便于其他人理解，如写入"公司简介表"，存储引擎保留默认设置，"整理"选择"utf8_general_ci"，最后单击"保存"按钮即可完成一个数据表的创建，如图 4.8 所示。

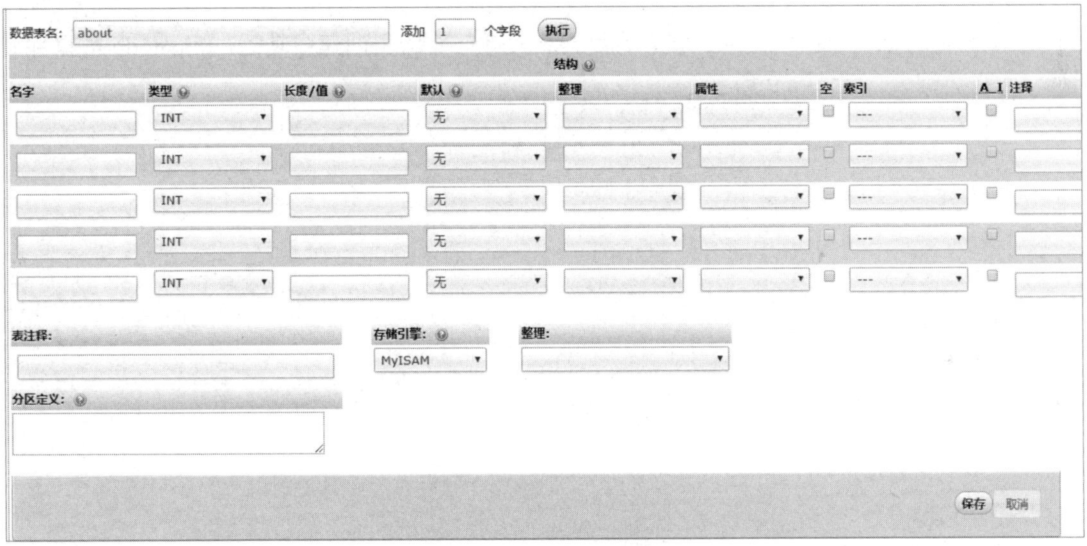

图 4.7 about 表字段设置

表 4.15 常用数据类型

大类	数据类型	适用情况
numeric	tinyint	小整数值
	int	大整数值
	float	浮点数
string	char	固定长度字符串
	varchar	不定长度字符串
	text	长文本数据，如新闻内容
	longtext	极长文本数据

续表

大类	数据类型	适用情况
date and time	date	日期值 yyyy-mm-dd
	datetime	日期时间 yyyy-mm-dd hh:mm:ss
	timestamp	时间戳 yyyymmddhhmmss
	time	时间值 hh:mm:ss

图 4.8　about 数据表字段属性

按照上述方法，依次创建 4.2 节中的数据表，所有数据表创建成功后，qihangdb 数据库将包含 14 张数据表，如图 4.9 所示。

图 4.9　qihangdb 数据库中的 14 张数据表

4.4　数据库的备份与还原

MySQL 数据库的备份、恢复等操作是每一位信息管理人员必备的能力。在生产环境下，大多数服务器供应商会提供数据库备份与恢复功能，按提示依次操作即可。这里重点讲解开发环境下的数据库备份与还原。

4.4.1　备份数据库与数据表

方法一：直接复制数据库文件

MySql 的数据库文件在 PHPStudy 安装目录下的 Extensions＞MySQL＞data 目录中，如果

需要备份某个或多个数据库，选择需要备份的数据库文件夹复制到指定位置即可，如需备份启航网站的数据库，只需选择 D:\phpstudy_pro\Extensions\ MySQL5.7.26\data 下的 qihangdb 文件夹，复制到目标地址即可，如图 4.10 所示。

此电脑 › 本地磁盘 (D:) › phpstudy_pro › Extensions › MySQL5.7.26 › data		
名称	修改日期	类型
2020	2021/6/23 12:10	文件夹
mysql	2021/6/23 12:08	文件夹
performance_schema	2021/6/23 12:08	文件夹
qihangdb	2021/7/5 16:17	文件夹
sys	2021/6/23 12:08	文件夹
0KI5WXHAQMIF918.err	2019/6/13 9:35	ERR 文件
0KI5WXHAQMIF918.pid	2019/6/13 9:35	PID 文件
auto.cnf	2019/6/13 9:31	CNF 文件
DESKTOP-LFRE5IG.err	2021/6/23 12:10	ERR 文件

图 4.10　备份启航网站数据库

当需要备份的是某个数据库的一张或几张数据表时，例如需要备份启航网站的 about 数据表，则需要打开数据库 qihangdb，选择 about 相关的 about.frm、about.myd 和 about.myi 三个文件进行复制，其中".frm"文件表示表结构信息，".myd"表示数据信息，".myi"表示数据索引信息。

注意：使用该方法备份数据库前，需要先将服务器停止运行，保证在复制期间数据不再发生变化。

方法二：使用 phpMyAdmin 的导出功能

进入 phpMyAdmin 界面，如果没有选择具体的数据库，直接单击"导出"按钮，如图 4.11所示，表示要备份整个服务器中的所有数据库；如果先选择某个数据库，如 qihangdb，再单击"导出"按钮，表示要备份数据库 qihangdb，如图 4.12 所示；如果在某个数据库中选择了某张数据表，如图 4.13 所示，例如选择了 qihangdb 的 about 表，再单击"导出"按钮，表示要备份 qihangdb 数据库的 about 表。

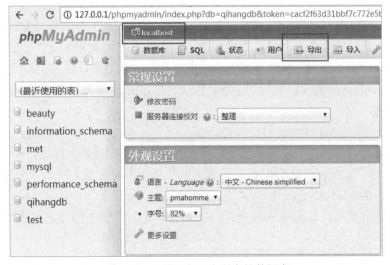

图 4.11　备份服务器上所有的数据库

图 4.12　备份 qihangdb 数据库

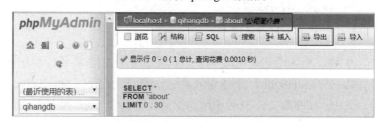

图 4.13　备份 qihangdb 数据库中的 about 表

选择好要备份的内容后单击"导出"按钮，保持默认选项，再单击"执行"按钮，系统会生成相应的".sql"备份文件，例如备份 qihangdb 就会生成 qihangdb.sql 的备份文件，只需将该文件复制保存即可。

4.4.2　还原数据库与数据表

对应前面介绍的两种备份方法，下面介绍两种还原方法。

方法一：直接复制数据库文件

打开数据库文件 data 所在文件夹，将备份所得文件直接复制粘贴到 data 目录下即可。如果备份的是一个或多个数据库，只需将备份好的一个文件夹或多个文件夹复制到 data 目录即可；如果备份的是某个数据库下的几张数据表，只需将备份的数据表文件复制到 data 目录下对应的数据库文件夹中即可；如要恢复 qihangdb 下的 about 表，将备份得到的 about.frm、about.myd 和 about.myi 三个文件粘贴到 data 目录下的 qihangdb 文件夹中，若出现同名文件选择覆盖选项即可。

方法二：使用 phpMyAdmin 的导入功能

首先需要新建一个空白的同名数据库，即 qihangdb，选中该数据库后，再单击"导入"按钮，选择备份数据库文件 qihangdb.sql 的位置，其余保留默认设置，单击"执行"按钮即可完成恢复，如图 4.14 所示。

注意：如果没有新建数据库直接导入，会出现如图 4.15 所示的错误，导致恢复失败。

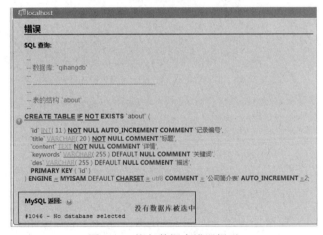

图 4.14 还原 qihangdb 数据库

图 4.15 恢复数据库错误提示

4.5 巩固练习

1．数据表分析与设计。

打开任意网页（如所在学校官网的新闻页面），分析其数据，设计数据表结构。

2．新建数据库数据表。

（1）新建数据库 qihangdb，设置字符集为 utf-8。

（2）在 qihangdb 中新建 14 张数据表，表结构见表 4.1～表 4.14。

3．备份还原数据库。

（1）新建数据库 mydatabase，设置字符集为 utf-8。

（2）在 mydatabase 中新建一张数据表，表结构为第 1 题相关内容。

（3）使用两种方法对 mydatabase 进行备份和还原练习。

（4）备份数据库 qihangdb。

4．参考教材，分析第 3 章下载的拓展练习网站（后面简称拓展网站），设计并创建数据库、数据表。

第 3 篇　项目实战前台篇

第 5 章

面向过程开发

编程的基本功是掌握编程语言，但编程的本质是逻辑，因此编程思维的培养很重要。面向过程和面向对象是两种重要的编程思想，本教程中会将两种编程思想分别在项目前台与项目后台开发中体现，本章先介绍面向过程编程思想。

5.1 面向过程开发思想

面向过程是一种以事件为中心的编程思想，编程时先分析解决问题的步骤，然后使用函数实现这些步骤，在具体步骤中按照顺序调用函数。

在中国，象棋是历史悠久且广泛流传的传统棋种，如果使用面向过程思想来开发中国象棋游戏，首先需要分析解决这个问题的步骤，然后使用函数分别实现每个步骤，最后在主函数中依次调用步骤函数。中国象棋游戏的步骤可以分解为

1. 开始游戏。
2. 红棋走。
3. 绘制画面。
4. 判断输赢。
5. 黑棋走。
6. 绘制画面。
7. 判断输赢。
8. 返回步骤 2。
9. 输出最后结果。
10. 游戏结束。

面向过程编程思想示意图如图 5.1 所示。

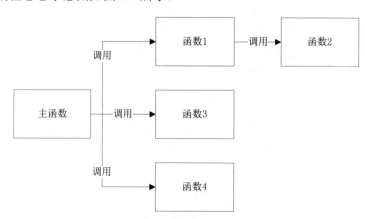

图 5.1　面向过程编程思想示意图

5.2　MySQL 数据库操作函数

使用 PHP 操作 MySQL 数据库是进行 Web 开发的要求之一，PHP 提供了完整的操作 MySQL 数据库的函数，这些函数包括连接数据库、执行 SQL 语句、处理数据结果集以及关闭数据库等，使基于 MySQL 数据库的 Web 开发高效而简单。使用 PHP 访问 MySQL 数据库的步骤如图 5.2 所示。

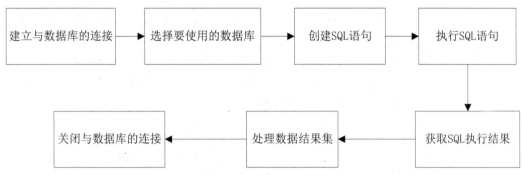

图 5.2　操作数据库的步骤

需要注意的是，我们在操作数据库之前需要确保启用了 PHP 的 mysqli 扩展。以 Windows 操作系统为例，将 php.ini 配置文件中 extension=mysqli（php7）或 extension=php_mysqli.dll（php5）一行前面的注释";"删除即可启用 mysqli 扩展。

面向过程编程的 MySQL 常用数据库操作函数及其功能见表 5.1，各函数具体使用方法将在实际开发过程中介绍。

表 5.1　MySQL 常用数据库操作函数及其功能

函数名	功能
mysqli_connect($host,$username,$password,$dbname,$port)	连接数据库
select　　*|column1,column2,column3,...　　from　　table_name　　[where some_column=some_value] [order by column asc|desc]	检索 SQL 语句
insert　into　table_name　[(column1,column2,column3,...)]　values (value1,value2,value3,...)	添加 SQL 语句
update　table_name　set　column1=value1,column2=value2,...　[where some_column=some_value]	修改 SQL 语句
delete from table_name [where some_column=some_value]	删除 SQL 语句
mysqli_query(connection,query,resultmode)	执行 SQL 语句
mysqli_fetch_array(result,resulttype)	获取 SQL 执行结果
mysqli_close(connection)	关闭数据库连接

5.3　连接数据库服务器

启航纺织有限公司网站的内容均来自数据库，包括首页中的导航、宽幅广告、关于启航、纺织动态、产品搜索、产品展示、友情链接等信息，以及产品信息、新闻信息。要获得数据库信息，首先要成功连接数据库服务器，再访问数据库，最后操作数据表。

5.3.1 连接数据库

在 PHP 中，通过 mysqli_connect ()函数打开一个 MySQL 服务器的新连接。语法如下：

```
mysqli_connect(host,username,password,dbname,port,socket);
```

语法中所有参数均为可选项，其中参数 host 表示要连接的数据库服务器名称或 IP 地址，默认为"localhost"；参数 username 表示登录数据库服务器使用的用户名；参数 password 表示登录数据库服务器使用的密码；参数 dbname 表示默认使用的数据库；参数 port 表示尝试连接到数据库服务器的端口号，MySQL 服务器默认端口号为 3306；参数 socket 表示规定 socket 或要使用的已命名 pipe。

在下面的例子中，我们在一个变量中 ($con) 存放了数据库连接信息，连接的数据库服务器名为"localhost"，用户名为"root"，密码为"abc123"，默认使用的数据库为"test_db"。如果连接失败，将执行 "die" 部分代码，具体代码如下：

```php
1. <?php
2. $con = mysqli_connect("localhost","root","abc123","test_db");
3. if (!$con) {
4.   die('连接数据库失败: ' . mysqli_connect_error());
5. }
6. ?>
```

5.3.2 更改连接的默认数据库

mysqli_select_db() 函数用于更改连接的默认数据库。如果成功，则该函数返回 true。如果失败，则返回 false。

```
mysqli_select_db(connection,dbname);
```

其中参数 connection 为必选项，表示要使用的 MySQL 连接；dbname 为必选项，表示要使用的新的数据库名称。下文代码的第 2 行表示连接默认数据库"test_db"的连接结果存储在变量$con 中，第 3 行代码修改了连接的数据库，"mydb"表示要使用的数据库。

```php
1. <?php
2. $con=mysqli_connect("localhost","root","abc123","test_db") or die("连接数据库
test_db 失败: " . mysqli_connect_error());
3. $db_selected = mysqli_select_db($con,"mydb") or die ("修改连接数据库为 mydb 失败 :
" . mysqli_error($con));
4. mysqli_close($con);
5. ?>
```

5.3.3 关闭打开的数据库连接

脚本结束后，系统会自动关闭连接。如需提前关闭连接，可以使用 mysqli_close()函数。语法如下：

```
mysqli_select_db(connection,dbname);
```

参数 connection 为必选项，表示要关闭的 MySQL 连接。

```php
1. <?php
2. $con= mysqli_connect("localhost","root","abc123","test_db") or die("连接数据库失
败: " . mysqli_connect_error());//连接数据库的另一种写法
3. mysqli_close($con);//关闭连接
4. ?>
```

5.3.4　连接案例项目数据库 qihangdb

根据前面的数据库设计，要连接到数据库"qihangdb"，新建"conn.php"文件，编写如下代码：

```
1. <?php
2. header("Content-type:text/html;charset=utf-8");//规定字符集，避免出现乱码
3. define("HOST","localhost");
4. define("USER","root");
5. define("PASS","root");
6. define("DB","qihangdb");//设置需要连接的数据库
7. $conn=mysqli_connect(HOST,USER,PASS,DB) or die("连接数据库失败:
". mysqli_connect_error());//打开 MySQL 连接
8. mysqli_query($conn,"set names utf8");//设置数据库返回数据字符集，避免数据库中提取的内容出现乱码
9. ?>
```

在浏览器中进行测试，如果连接失败，会显示相应错误提示及错误代码，连接成功时页面为空白内容。

5.4　数据库操作的三个步骤

5.4.1　编写 SQL 命令

Web 开发中应用最多的 SQL 命令包括添加、修改、删除和查询命令，这些命令在数据库相关课程中有详细介绍，这里将四个命令语法进行简单的梳理。

（1）添加命令——insert

```
insert into table_name [(column1,column2,column3,...)]  values
(value1,value2,value3,...)
```

语法中方括号"[]"中的内容表示可选项，既可以指定列名添加插入值，也可以不指定列名添加插入值。

（2）修改命令——update

```
update table_name set column1=value1,column2=value2,... [where
some_column=some_value]
```

一次性更新多个值，中间使用英文的逗号分隔；方括号内表示条件表达式，为可选项，如果没有 where 条件，执行 update 会更新表中全部数据。

（3）删除命令——delete

```
delete from table_name [where some_column=some_value]
```

方括号内表示条件表达式，为可选项，如果没有 where 条件，执行 delete 会删除表中全部数据。

（4）查询命令——select

```
select *|column1,column2,column3,... from table_name [where
some_column=some_value] [order by column asc|desc ]
```

如果只需要查询数据表中部分列的值，可以指定列名查询；如果需要查询数据表中所有列的值，可以使用"*"代替列名，语法中竖线"|"表示或者的意思；方括号内 where 表示条件表达式，可选，如果没有 where 条件，执行 select 会检索出表中所有记录数的对应结果；方

括号内 order by 表示根据指定的列对结果集进行排序，默认为 asc 升序排列，如果希望按照降序对记录进行排序，可以使用 desc 关键字。

5.4.2　执行 SQL 命令并返回结果集

在 PHP 中使用 mysqli_query()函数来执行一条 MySQL 命令，语法如下：

```
mysqli_query(connection,query,resultmode);
```

其中参数 connection 为必选项，表示要使用的 MySQL 连接；参数 query 为必选项，表示要执行的 SQL 命令；参数 resultmode 为可选项，表示一个常量，可以是下列值中的任意一个：MYSQLI_USE_RESULT（当需要检索大量数据时使用）或 MYSQLI_STORE_RESULT（默认）。

mysqli_query()仅对 SELECT，SHOW，EXPLAIN 或 DESCRIBE 语句返回一个结果集；对于其他类型的 SQL 语句，在执行成功时返回 TRUE，出错时返回 FALSE。

```php
1. <?php
2. $sql = "SELECT * FROM student";//定义sql命令，作为字符串赋值给$sql
3. $result=mysqli_query($con,$sql);// 执行上面的sql命令并将结果返回给$result
4. ?>
```

5.4.3　将结果集按行返回数组

mysqli_query()执行 SELECT 语句将返回一个结果集，而网页中需要将该结果集按记录行返回相应信息，并采用数组方式按需输出。

PHP 中使用 mysqli_fetch_array() 函数实现从结果集中抓取的行生成数组，数组可以是关联数组，也可以是数字索引数组，或者二者兼有的方式，根据不同参数返回不同数组，如果没有更多行则返回 false。语法如下：

```
mysqli_fetch_array(result,resulttype);
```

其中参数 result 为必选项，表示由 mysqli_query()返回的结果集标识符；resulttype 为可选项，表示应该生成哪种类型的数组，可以是下列值中的一个：

MYSQLI_ASSOC——关联数组

MYSQLI_NUM——数字数组

MYSQLI_BOTH——默认值，同时生成关联和数字数组

5.5　构建网站结构

数据库设计好后，即可开始项目开发。首先建立网站结构，在服务器网站主目录下新建文件夹 qihang 作为站点，将教程提供的网站模板中的 css、fonts、images、js、uploadfiles 和 admin 等文件夹全部复制到 qihang 文件夹中，并新建 inc、bak 文件夹，如图 5.3 所示，其中，css 用于放置样式文件；fonts 用于放置网页需要用到的字体；images 用于放置网站图片素材；uploadfiles 用于放置动态上传的图片；js 用于放置特效脚本文件；admin 用于放置后台文件；inc 用于放置各类包含文件；bak 用于放置项目备份文件，如数据库备份文件和静态网页模板等，这里将网站模板完整复制到 bak 文件夹中，网站模板始终保持不变，仅作为参考使用。

网站中可以根据需要新增文件夹，并不是固定结构。

图 5.3　启航网站结构

　　将 qihang 文件夹拖动至 HBuilderX 中，打开 bak 文件夹中的网站模板中的 index.html 文件，将其另存至 qihang 文件夹根目录下，命名为 "index.php"。配置站点域名为 "www.qihang.com"，这时在浏览器地址栏中输入 "www.qihang.com"，可以测试首页 index.php 是否正常显示，效果与静态 index.html 一致，如果不一致，请检查前述步骤是否有遗漏。

5.6　文件包含

　　网站中多个页面要使用数据库，就必须进行多次数据库连接，会造成代码冗余，可以采用包含文件解决这个问题，编写一个数据库连接文件，当页面需要连接数据库时，只需要调用一次数据库连接文件，类似于调用公共函数。通常将供其他页面调用的文件放在 inc（include 缩写）文件夹中。

　　PHP 中有四个加载文件的语句：include、require、include_once、require_once，通过这些语句可以将 PHP 指定文件的内容在服务器执行它们之前载入另一个调用它们的 PHP 文件中。

5.6.1　include 和 include_once

　　include 会将指定的文件载入并执行里面的程序，允许重复引用和多次加载。include 可以放在 PHP 脚本的任意位置，一般放在流程控制的处理部分。当 PHP 脚本执行到 include 指定引入的文件时，才将它包含并尝试执行。include 载入的文件不会判断是否重复，只要遇到 include 语句，就会载入一次（即使可能出现重复载入）。

　　在加载文件失败时，include 会生成一个警告（E_WARNING），错误发生后脚本继续执行。所以 include 在希望继续执行并向用户输出结果时使用，即使包含文件已丢失。

　　include 语句语法如下：

```php
<?php  include 'filename';  ?>
```

　　include_once 函数会将指定的文件载入并执行里面的程序，作用与 include 语句类似，只是 include_once 在载入文件时会使用内部判断机制判断前面代码是否已经载入过，不会重复载入同样的内容。这里需要注意的是，include_once 是根据前面是否载入过相同路径的文件进行判断的，而不是根据文件内容进行判断的。

　　include_once 语法同 include 类似，具体如下：

```php
<?php  include_once 'filename';  ?>
```

5.6.2　require 和 require_once

require 函数一般放在 PHP 脚本的最前面，在 PHP 文件被执行之前，PHP 解析器会用被载入的文件的全部内容替换 require 语句，然后与其他语句组成新的 PHP 文件，最后按新的 PHP 文件执行程序代码。在使用 require 语句载入文件时，如果加载文件失败，require 语句会生成致命错误（E_COMPILE_ERROR）并立即终止脚本执行。因此，require 用在框架 CMS 或者复杂的应用程序编程中，有助于提高应用程序的安全性和完整性。

require 的语法如下：

```php
<?php   require 'filename';   ?>
```

require_once 语句是 require 语句的延伸，功能与 require 语句基本一致，不同的是，在应用 require_once 时，会先检查要载入的文件是否已经在该程序中的其他位置被载入过，如果有，则不会重复载入该文件。

require_once 语法与 require 类似，具体如下：

```php
<?php   require_once 'filename';   ?>
```

将 5.3.4 中连接案例项目数据库文件 conn.php 复制到项目 inc 目录中，在确保数据库已恢复的情况下，在地址栏中输入"http://www.qihang.com/inc/conn.php"，如果连接成功，会显示空白页面，否则会提示错误。

为测试包含功能，将原 conn.php 文件的$conn 所在的第 7 行进行注释，并稍作修改，修改后的 conn.php 代码如下：

```php
1. <?php
2. header("Content-type:text/html;charset=utf-8");//规定字符集，避免出现乱码
3. define("HOST","localhost");
4. define("USER","root");
5. define("PASS","root");
6. define("DB","qihangdb");//设置数据库
7. //$conn=mysqli_connect(HOST,USER,PASS,DB) or die("数据库连接失败:
". mysqli_connect_error());//打开 MySQL 连接
8. $conn=mysqli_connect(HOST,USER,PASS,DB);
9. if (!$conn){
10.   die("数据库连接失败: ". mysqli_connect_error());
11. }else{
12.     echo "数据库连接成功! ";
13. }
14. mysqli_query($conn,"set names utf8");//设置数据库返回数据字符集，避免从数据库中提取的
内容乱码
15. ?>
```

保存页面后，刷新"http://www.qihang.com/inc/conn.php"，如果连接成功，会显示"数据库连接成功!"，否则会提示相应错误信息。

我们在 index.php 中可以通过 include 语句，将 conn.php 文件的内容载入进来（在服务器执行它之前），一般将数据库连接文件写在网页最前面。

在 index.php 的第一行添加如下代码并保存：

```php
1. <?php include "inc/conn.php";?>
```

编写包含文件最重要的工作是确定文件的位置关系，即包含文件的路径。打开"http://www.qihang.com"会发现首页左上角显示"数据库连接成功!"字样，表示 conn.php 调

用成功，如图 5.4 所示。实际项目中并不需要显示这些内容，测试成功后将 conn.php 页面恢复原样（恢复第 7 行代码，注释第 8～13 行代码）即可。

图 5.4　调用文件 conn.php 成功

　　包含文件可以节省大量的工作。这意味着可以为所有页面创建标准页头、页脚或者菜单文件。在共有文件需要更新时，只需要更新被包含文件，比如当页头需要更新时，只需更新页头包含文件即可。

5.7　巩固练习

　　1. 连接数据库。

　　（1）数据库"mydatabase"操作。

　　（a）还原数据库"mydatabase"。

　　（b）连接数据库"mydatabase"，如失败显示错误提示和错误代码。

　　（c）关闭连接。

　　（2）数据库"qihangdb"操作

　　（a）还原数据库"qihangdb"。

　　（b）编写 conn.php，实现数据库连接，完成测试。

　　（3）参考教材，在拓展网站上连接数据库。

　　2. 浏览网站模板，会发现每个网页的头部和底部是相同的，可以使用包含文件来创建页头、页脚。

　　（1）在项目 inc 中新建"header.php"和"footer.php"页面，分别表示页头和页脚。

　　（2）打开模板中的 index.html，复制第 1～143 行代码（到页首 end 结束）到 header.php 页面并保存。

　　（3）从模板中的 index.html 中复制第 375～436 行代码（页脚开始到结尾）到 footer.php 页面并保存。

　　（4）在 index.php 中删除与 header.php 中相同的代码，使用 include 语句在原来位置调用 header.php，保存后查看页面是否正常。

　　（5）在 index.php 中删除与 footer.php 中相同的代码，使用 include 语句在原来位置调用 footer.php，保存后查看页面是否正常。

　　（6）参考教材，为拓展网站创建页头、页脚，并使用包含文件引用页头页脚。

第 6 章

前台首页开发

6.1　Banner 广告轮播图

　　首页轮播广告图在整个网站建设中有非常重要的作用。人们在打开网站浏览的过程中，首先看到的是网站 banner 广告轮播图。首页的轮播广告图作为网站建设中至关重要的元素，由于所处的位置比较醒目，不仅起到了装饰网站的作用，而且产生的网络营销效果才是真正意义上的存在价值。需要注意的是，首页轮播 banner 图的数量并不是越多越好，不能只追求效果炫酷，还需要考虑用户体验。作为首页轮播广告图，对图片的要求很高，过多的图片加载，过于炫酷复杂的交互效果，都会造成网页卡顿不顺畅，最终影响用户浏览网页的体验，这里建议网站轮播图的数量控制为 3～5 张。启航纺织网站首页 banner 设计了两张轮播广告效果，效果如图 6.1 所示。

图 6.1　启航首页广告轮播图

6.1.1　数据准备

　　由于项目先进行前台开发，因此数据表中还没有可用的数据，需要手动添加，进入网页版数据库管理器 phpMyAdmin，找到 qihangdb 中的 adv 表，添加图 6.2 所示的记录。并在项目的 uploadfiles/image 位置创建 20200928 目录，放入 3 张相应的 banner 图，注意文件名与数据表中的文件名保持一致，如图 6.3 所示。

id 记录编号(自增、主键)	title banner 标题	image banner 图	sort 自定义排序	isdisplay 是否显示 (0否，1是)
1	Banner1	/uploadfiles/image/20200928/1601012345.jpg	1	1
2	Banner2	/uploadfiles/image/20200928/1601012346.jpg	2	1
3	Banner3	/uploadfiles/image/20200930/1522287821.jpg	0	0

图 6.2　adv 表记录内容

图 6.3　轮播图位置与文件名

6.1.2　Banner 轮播实现

1. 设计思路

打开 index.php 页面，找到广告轮播代码块，代码如下，观察代码，可以发现第 3～6 行代码表示轮播图的控制点，其中第 4 行比第 5 行多一个样式 class=active，表示默认从第一张广告图开始显示，对应的控制点使用样式 active。第 7～14 行代码表示 2 张轮播图，其中第 8 行比第 11 行多一个 class 样式 active，表示当前显示的广告图。第 15～18 行代码表示鼠标经过轮播图时出现的左右控制箭头。程序实现时可以使用循环实现代码中具有相同结构的内容，数据内容来自数据表 adv，数据表中需要显示的 banner 图（isdisplay 为 1）会被循环输出。

```
1.  <!-- 广告轮播 -->
2.  <div id="ad-carousel" class="carousel slide" data-ride="carousel">
3.      <ol class="carousel-indicators">
4.        <li data-target="#ad-carousel" data-slide-to="0" class="active"></li>
5.        <li data-target="#ad-carousel" data-slide-to="1"></li>
6.      </ol>
7.      <div class="carousel-inner">
8.          <div class="item active">
9.              <img src="images/D0.jpg" alt="1 slide">
10.         </div>
11.         <div class="item">
12.             <img src="images/D1.jpg" alt="2 slide">
13.         </div>
14.     </div>
15.     <a class="left carousel-control" href="#ad-carousel" data-slide="prev"><span
16.             class="glyphicon glyphicon-chevron-left"></span></a>
17.     <a class="right carousel-control" href="#ad-carousel" data-slide="next"><span
18.             class="glyphicon glyphicon-chevron-right"></span></a>
19. </div>
20. <!-- #########广告轮播（end）########## -->
```

删除上面代码中的重复内容，保留一个控制点和一张图片的网页结构作为循环体，修改后的代码如下。需要注意的是，在后续修改 PHP 代码时，要注意控制点的 data-slide-to 属性和图片 alt 属性值中的数字变化。

```
1.  <!-- 广告轮播 -->
2.  <div id="ad-carousel" class="carousel slide" data-ride="carousel">
```

```
3.      <ol class="carousel-indicators">
4.        <li data-target="#ad-carousel" data-slide-to="0" class="active"></li>
5.      </ol>
6.      <div class="carousel-inner">
7.          <div class="item active">
8.              <img src="images/D0.jpg" alt="1 slide">
9.          </div>
10.     </div>
11.     <a class="left carousel-control" href="#ad-carousel" data-
slide="prev"><span
12.             class="glyphicon glyphicon-chevron-left"></span></a>
13.     <a class="right carousel-control" href="#ad-carousel" data-
slide="next"><span
14.             class="glyphicon glyphicon-chevron-right"></span></a>
15.</div>
16.<!-- #########广告轮播（end）######### -->
```

2. 数据抓取

项目中的轮播图数据均需要从数据表 adv 中提取，轮播图的控制点采用列表实现，广告图使用 div 实现，因此在轮播图整体结构之前进行 adv 数据表检索，按照步骤依次进行，完成的代码如下。代码的第 3 行表示根据 isdisplay 值为 1 的条件去检索 adv 表中的 image 信息，并根据 sort 升序排序；第 4 行表示执行$sql 命令并将结果返回到结果集$results 中；第 5～6 行设置了两个空的字符串变量，$indicators 用于存储控制点的内容，$images 用于存储广告图的内容；第 7～10 行表示循环输出数据表中的内容，其中第 7 行的循环条件$row = mysqli_fetch_array($results,MYSQLI_ASSOC)表示将结果集$results 按行返回给关联数组$row，只要结果集中有记录，就执行循环体；第 8 行将控制点的内容连接到$indicators 变量，注意使用的赋值符号为连接赋值符号".="，根据数据表中符合条件的记录数量确定<li data-target="#ad-carousel" data-slide-to="0" class="active"></li>的连接次数；第 9 行的作用与第 8 行相同，存储的是图片信息，关联数组使用数组名['字段名']表示该字段的值，如$row['image']表示当前关联数组$row 中 image 字段的值，即广告图的路径；第 14 行将输出循环连接所得的控制点列表项内容$indicators；第 17 行将输出循环连接所得的图片内容$images；第 19～22 行控制箭头保持静态不变。

```
1. <!-- 广告轮播 start-->
2. <?php
3. $sql = "select image from adv where isdisplay = 1  order by sort asc";
4.     $results = mysqli_query($conn,$sql) ;
5.     $indicators = '';
6.     $images = '';
7.     while($row = mysqli_fetch_array($results,MYSQLI_ASSOC)){
8.         $indicators .= '<li data-target="#ad-carousel" data-slide-
to="0" class="active"></li>';
9.         $images .='<div class="item active"><img src="'.$row['image'].
'" alt="1 slide"></div>';
10.    }
11.?>
12.<div id="ad-carousel" class="carousel slide" data-ride="carousel">
```

```
13.     <ol class="carousel-indicators">
14.         <?=$indicators?>
15.     </ol>
16.     <div class="carousel-inner">
17.         <?=$images?>
18.     </div>
19.     <a class="left carousel-control" href="#ad-carousel" data-slide="prev"><span
20.             class="glyphicon glyphicon-chevron-left"></span></a>
21.     <a class="right carousel-control" href="#ad-carousel" data-slide="next"><span
22.             class="glyphicon glyphicon-chevron-right"></span></a>
23. </div>
24. <!-- 广告轮播 end -->
```

保存上述代码后打开首页进行测试，效果如图 6.4 所示，网页已经可以正常显示需要展示（isdisplay=1）的两张广告图，只是效果并不是在同一行内轮播显示，原因是在循环体的第 8 行和第 9 行代码中都用到了样式 active，因此在 PHP 程序运行后返回客户端的静态页面中，每个广告图都会使用 active 样式，图片都是显示状态，控制点也都处于选中状态，因此我们需要进一步修改代码，保证某一时间段内只有一张图片使用 active 样式，默认从第一个广告开始显示，间隔一段时间显示第二个广告，以此类推。

图 6.4 banner 初级效果

观察轮播图原始的静态代码，发现第 4 行、第 5 行、第 8 行和第 9 行代码均有数字属性值，因此考虑在代码中增加变量 i 来表示，对前面的 PHP 部分代码进行如下优化：

```
1. <?php
2. $sql = "select image from adv where isdisplay = 1  order by sort asc";
3.     $results = mysqli_query($conn,$sql) ;
4.         $i = 1;
5.         $indicators = '';
6.         $images = '';
7.         while($row = mysqli_fetch_array($results,MYSQLI_ASSOC)){
```

```
8.              if($i==1){
9.                  $indicators .= '<li data-target="#ad-carousel" data-slide-
to="'.($i-1).'" class="active"></li>';
10.                 $images .='<div class="item active">';
11.             }else{
12.                 $indicators .= '<li data-target="#ad-carousel" data-slide-
to="'.($i-1).'"></li>';
13.                 $images .='<div class="item">';
14.             }
15.             $images .= '<img src="'.$row['image'].'" alt="'.$i.' slide">';
16.             $images .= '</div>';
17.             $i++;
18.         }
19. ?>
```

上述代码的第 4 行增设一个变量$i，用于表示广告图序号；第 8～14 行代码用于判断是否为第一个广告图，若为第一个广告图，则执行第 9～10 行代码，由于静态代码中控制点的编号从 0 开始，因此第 9 行的 data-slide-to 值用$i-1 表示，并分别为控制点和图片都添加 active 样式，实现默认第一张广告图显示和第一个控制点选中效果；第 12～13 行代码表示除第一个广告外显示控制点和图片的方式；第 17 行的变量自增能够避免出现死循环。修改代码后再次保存页面并测试首页效果，实现广告轮播效果。

6.1.3 巩固练习

1. 完成启航网站的 Banner 轮播。
2. 学习视频，完成启航网站的网站基本信息展示。
3. 参考教材，完成拓展网站的 Banner 轮播。

6.2 导航条

启航纺织网站导航条设计效果如图 6.5 所示，共七个一级导航，除网站首页和人力资源导航外，其余导航均有二级导航，在鼠标经过一级导航时显示，例如图中的纺织动态。

图 6.5 导航效果图

6.2.1 数据准备

由于导航数据表 nav 中没有可用的数据，需要手动添加记录，找到 nav 表，添加图 6.6 所示的记录。

	id 记录编号	name 导航栏名称	parentid 父ID	url 链接地址	sort 栏目排序
□ ✎编辑 复制 ⊖删除	1	网站首页	0	index.php	1
□ ✎编辑 复制 ⊖删除	2	关于启航	0	company.php	2
□ ✎编辑 复制 ⊖删除	3	产品展示	0	products.php	3
□ ✎编辑 复制 ⊖删除	4	纺织动态	0	newscenter.php	4
□ ✎编辑 复制 ⊖删除	5	咨询中心	0	message.php	5
□ ✎编辑 复制 ⊖删除	6	人力资源	0	job.php	6
□ ✎编辑 复制 ⊖删除	7	联系我们	0	company.php	7
□ ✎编辑 复制 ⊖删除	8	公司概况	2	company.php?id=1	1
□ ✎编辑 复制 ⊖删除	9	管理架构	2	company.php?id=2	2
□ ✎编辑 复制 ⊖删除	10	发展历程	2	company.php?id=3	3
□ ✎编辑 复制 ⊖删除	11	荣誉资质	2	company.php?id=4	4
□ ✎编辑 复制 ⊖删除	12	企业文化	2	company.php?id=5	5
□ ✎编辑 复制 ⊖删除	13	提花面料	3	products.php?cid=1	1
□ ✎编辑 复制 ⊖删除	14	印花面料	3	products.php?cid=2	2
□ ✎编辑 复制 ⊖删除	15	素色面料	3	products.php?cid=3	3
□ ✎编辑 复制 ⊖删除	16	格子面料	3	products.php?cid=4	4
□ ✎编辑 复制 ⊖删除	17	条子面料	3	products.php?cid=5	5
□ ✎编辑 复制 ⊖删除	18	绣花面料	3	products.php?cid=6	6
□ ✎编辑 复制 ⊖删除	19	麻料面料	3	products.php?cid=7	7
□ ✎编辑 复制 ⊖删除	20	毛纺面料	3	products.php?cid=8	8
□ ✎编辑 复制 ⊖删除	21	皮革面料	3	products.php?cid=9	9
□ ✎编辑 复制 ⊖删除	22	里布面料	3	products.php?cid=10	10
□ ✎编辑 复制 ⊖删除	23	公司要闻	4	newscenter.php?cid=1	1
□ ✎编辑 复制 ⊖删除	24	纺织业界	4	newscenter.php?cid=2	2
□ ✎编辑 复制 ⊖删除	25	纺织知识	4	newscenter.php?cid=3	3
□ ✎编辑 复制 ⊖删除	26	在线反馈	5	message.php	1
□ ✎编辑 复制 ⊖删除	27	销售网络	5	company.php?id=6	2
□ ✎编辑 复制 ⊖删除	28	人才理念	6	company.php?id=7	1
□ ✎编辑 复制 ⊖删除	29	人才招聘	6	job.php	2
□ ✎编辑 复制 ⊖删除	30	联系我们	7	company.php?id=8	1

图 6.6 nav 表记录内容

6.2.2 一级导航实现

1. 设计思路

打开 inc 下的 header.php 页面，找到导航代码块，即<nav></nav>区块内容，可以先将二级导航内容折叠，观察代码规律，发现除"首页"导航外，其余导航的结构都是相同的，只有链接地址 href 的值和导航名称不同，因此可以在程序中使用循环实现，根据数据表中一级导航（parentid 为 0）的数量循环输出。保留"首页"和"关于启航"两个导航条，将重复结构的其余导航删除，代码如下：

```
1. <!-- 导航条 -->
2. <nav class="navbar navbar-default" role="navigation">
3. <div class="container">
```

```
4.        <ul class="nav navbar-nav" style="width:100%;">
5.            <li class="active nav-top">
6.                <a href="index.html">首页</a>
7.            </li>
8.            <li class="dropdown nav-top">
9.                <a href="company.html" class="dropdown-toggle on" data-
toggle="dropdown">关于启航</a>
10.               <ul class="dropdown-menu">
11.                   <li><a href="company.html">公司概况</a></li>
12.                   <li><a href="company.html">管理架构</a></li>
13.                   <li><a href="company.html">发展历程</a></li>
14.                   <li><a href="company.html">荣誉资质</a></li>
15.                   <li><a href="company.html">企业文化</a></li>
16.               </ul>
17.           </li>
18.       </ul>
19.</div>
20.</nav>
```

2．数据抓取

项目中的导航数据均需要从数据表 nav 中提取，网页的导航采用列表实现，因此在导航列表项之前进行数据表操作，按照三个步骤依次进行。由于多数导航有二级导航，代码结构与"关于启航"类似，因此先使用"关于启航"作为循环体，将"首页"导航注释掉，完成代码如下：

```
1.  <!-- 导航条 -->
2.  <nav class="navbar navbar-default" role="navigation">
3.      <div class="container">
4.          <ul class="nav navbar-nav" style="width:100%;">
5.              <?php
6.              //从 nav 数据表中检索 parentid 为 0 的 name，url，id 字段，按照 sort 升序
排列
7.              $sql="select name,url,id from nav where parentid=
0 order by sort asc";
8.              //执行$sql 命令，并将结果存储在$results 记录集中
9.              $results=mysqli_query($conn,$sql) or die("执行检索导航命令失败
");
10.             //按行循环输出结果集中的记录
11.             while($row=mysqli_fetch_array($results,MYSQLI_ASSOC)){
12.             ?>
13.             <!-- <li class="active nav-top">
14.                 <a href="index.html">首页</a>
15.             </li> -->
16.             <li class="dropdown nav-top">
17.                 <a href="company.html" class="dropdown-toggle on" data-
toggle="dropdown">关于启航</a>
18.                 <ul class="dropdown-menu">
19.                     <li><a href="company.html">公司概况</a></li>
20.                     <li><a href="company.html">管理架构</a></li>
```

```
21.                <li><a href="company.html">发展历程</a></li>
22.                <li><a href="company.html">荣誉资质</a></li>
23.                <li><a href="company.html">企业文化</a></li>
24.              </ul>
25.           </li>
26.           <?php } ?>
27.         </ul>
28.      </div>
29. </nav>
```

代码第 7 行从数据表 nav 中根据 parentid=0 为条件检索导航名称、导航链接及关键字 id 编号，并按 sort 升序排序；第 9 行执行 sql 命令并将结果存储在记录集$results 中；第 11 行按行循环输出结果集中的记录，循环体前的半个花括号"{"在第 11 行的最后位置；第 13～25 行作为循环体，其中第 13～15 行是注释掉的首页导航，真正循环的内容是第 16～25 行的关于启航对应的内容；第 26 行是循环体结束的后半个花括号"}"，需要使用 PHP 语法书写。保存后打开首页进行测试，效果如图 6.7 所示。请读者思考为什么显示七个相同的二级菜单。

图 6.7　一级导航初步效果

3. 数据展示

将循环体中的二级菜单即嵌套列表<ul>……</ul>删除后，刷新页面将显示七个一级菜单"关于启航"，内容与数据表中的记录不一致，把按行返回的记录集按需显示到网页中，修改后的代码如下。其中第 11 行将结果集按行返回给关联数组$row，即可使用数组名['字段名']表示该字段的值，$row['url']表示 url 的值，即导航的链接地址，同样，$row['name']表示导航名称。值得注意的是，使用数组名['字段名']展示数据的前提是该字段已经包含该记录集中，即在 SQL 命令中检索时必须包含该字段，代码第 7 行已经检索了要使用的 url 和 name 字段。

```
1. <!-- 导航条 -->
2. <nav class="navbar navbar-default" role="navigation">
3.    <div class="container">
4.       <ul class="nav navbar-nav" style="width:100%;">
5.          <?php
6.       //从 nav 数据表中检索 parentid 为 0 的 name 和 url 字段，按照 sort 升序排列
7.
            $sql="select name,url,id from nav where parentid=0 order by sort asc";
8.          //执行$sql 命令，并将结果储存在$results 记录集中
```

```
9.            $results=mysqli_query($conn,$sql) or die("执行检索导航命令失败
");
10.           //按行循环输出结果集中的记录
11.           while($row=mysqli_fetch_array($results,MYSQLI_ASSOC)){
12.           ?>
13.           <!-- <li class="active nav-top">
14.               <a href="index.html">首页</a>
15.           </li> -->
16.           <li class="dropdown nav-top">
17.               <a href="<?=$row['url']?>" class="dropdown-
toggle on" data-toggle="dropdown"><?=$row['name']?></a>
18.               <!-- 此处先删除嵌套列表 -->
19.           </li>
20.           <?php } ?>
21.       </ul>
22.   </div>
23.</nav>
```

保存后刷新页面，可以看到如图 6.8 所示的效果，导航显示的内容与数据表中一致，当鼠标经过导航时，请注意观察浏览器状态栏显示的地址是否为导航对应的链接地址。

图 6.8 动态展示一级导航效果

继续优化上述代码，把第 16～19 行的静态代码写入<?php ?>中，对代码进行如下修改，保留第 13～15 行的首页代码，优化后的代码如下：

```
1. <!-- 导航条 -->
2. <nav class="navbar navbar-default" role="navigation">
3.     <div class="container">
4.           <ul class="nav navbar-nav" style="width:100%;">
5.           <?php
6.           //从 nav 数据表中检索 parentid 为 0 的 name 和 url 字段，按照 sort 升序排列
7.           $sql="select name,url,id from nav where parentid=
0 order by sort asc";
8.           //执行$sql 命令，并将结果存储在$results 记录集中
9.           $results=mysqli_query($conn,$sql) or die("执行检索导航命令失败");
10.          //按行循环输出结果集中的记录
11.          while($row=mysqli_fetch_array($results,MYSQLI_ASSOC)){
12.          echo '<li class="dropdown nav-top">';
13.          echo '<a href="'.$row['url'].'" class="dropdown-
toggle on" data-toggle="dropdown">'.$row['name'].'</a>';
14.              }
15.          ?>
16.          <!--<li class="active nav-top">
17.              <a href="index.html">首页</a>
18.          </li>-->
19.          </ul>
20.     </div>
21.</nav>
```

　　刷新页面，效果仍然如图 6.8 所示。接下来把"网站首页"效果做成静态页面的效果，继续优化前面的代码，使用变量 i 来表示第几个导航项，如果是第一个导航，将 dropdown 样式替换为 active 样式，表示默认选中导航，修改后的代码如下，即可实现如图 6.9 所示的效果。

```php
1.  <!-- 导航条 -->
2.  <nav class="navbar navbar-default" role="navigation">
3.  <div class="container">
4.          <ul class="nav navbar-nav" style="width:100%;">
5.          <?php
6.          //从 nav 数据表中检索 parentid 为 0 的 name 和 url 字段，按照 sort 升序排列
7.      $sql="select name,url,id from nav where parentid=0 order by sort asc";
8.          //执行$sql 命令，并将结果存储在$results 记录集中
9.          $results=mysqli_query($conn,$sql) or die("执行检索导航命令失败");
10.         //按行循环输出结果集中的记录
11.         $i=1;
12.         while($row=mysqli_fetch_array($results,MYSQLI_ASSOC)){
13.             if($i==1){//输出首页导航
14.                 echo '<li class="active nav-top">';
15.                 echo '<a href="'.$row['url'].'">'.$row['name'].'</a>';
16.             }else{
17.                 echo '<li class="dropdown nav-top">';
18.                 echo '<a href="'.$row['url'].'" class="dropdown-toggle on" data-toggle="dropdown">'.$row['name'].'</a>';
19.             }
20.             echo '</li>';
21.             $i++;
22.         }
23.         ?>
24.         </ul>
25.  </div>
26.  </nav>
```

| 网站首页 | 关于启航 | 产品展示 | 纺织动态 | 咨询中心 | 人力资源 | 联系我们 |

图 6.9　一级导航最终效果

6.2.3　二级导航实现

　　根据 parentid 与一级导航 id 相等的条件去检索各一级导航的二级导航，在如图 6.6 所示的 nav 数据表记录中，公司概况、管理架构、发展历程、荣誉资质和企业文化的 parentid 均为 2，表示它们的上级导航即一级导航应该是 id 为 2 的"关于启航"，使用"select name,url from nav where parentid = 2 order by sort"即可检索出"关于启航"相应的二级导航，因此我们可以根据不同的非零 parentid 检索出不同的二级导航，在上文第 19 行和第 20 行代码之间添加红色方框内的新代码，用于检索对应的二级导航并展现，修改后的导航条最终代码如下所示，即可完成导航设计。

```php
1.  <!-- 导航条 -->
2.  <nav class="navbar navbar-default" role="navigation">
```

```
3.        <div class="container">
4.          <ul class="nav navbar-nav" style="width:100%;">
5.          <?php
6.          //从 nav 数据表中检索 parentid 为 0 的 name, url 字段, 按照 sort 升序排列
7.          $sql="select name,url,id from nav where parentid=0 order by sort asc";
8.          //执行$sql 命令，并将结果存储在$results 记录集中
9.          $results=mysqli_query($conn,$sql) or die("执行检索导航命令失败");
10.         //按行循环输出结果集中的记录
11.         $i=1;
12.         while($row=mysqli_fetch_array($results,MYSQLI_ASSOC)){
13.           if($i==1){//输出首页导航
14.             echo '<li class="active nav-top">';
15.             echo '<a href="'.$row['url'].'">'.$row['name'].'</a>';
16.           }else{
17.             echo '<li class="dropdown nav-top">';
18.             echo '<a href="'.$row['url'].'" class="dropdown-toggle on" data-
toggle="dropdown">'.$row['name'].'</a>';
19.           }
20.           //生成二级导航
21.           $sql="select name,url from nav where parentid = ".$row['id']."
order by sort ";
22.           $results2=mysqli_query($conn,$sql) or die("执行检索导航命令失败");
23.           $count=mysqli_num_rows($results2);//统计结果集中记录的行数
24.           if($count>0){
25.             echo '<ul class="dropdown-menu">';
26.             while($row2=mysqli_fetch_array($results2,MYSQLI_ASSOC)){
27.               echo'<li><a href="'.$row2['url'].'">'.$row2['name'].'</a></li>';
28.             }
29.             echo '</ul>';
30.           }
31.           echo '</li>';
32.           $i++;
33.         }
34.       ?>
35.       </ul>
36.     </div>
37.   </nav>
```

代码中的新函数 mysqli_num_rows()用于返回结果集中行的数量。其语法如下：

```
mysqli_num_rows(result);
```

其中参数 result 为必选项，表示由 mysqli_query()、mysqli_store_result() 或 mysqli_use_result() 返回的结果集标识符，上文代码中为$results2。

6.2.4 巩固练习

1．完成启航网站的导航条。
2．参考教材，完成拓展网站的导航动态化。

6.3　首页新闻展示

首页新闻效果如图 6.10 所示，一般情况下，最新发布的新闻显示在最上面，即新闻会根据发布时间降序排列，项目中还需要完成标新和置顶功能，将距离当天一周内的新闻标新，添加 new 图标，并将重要新闻置顶，效果为红色加粗字体并且放在最上面，如果有多条新闻需要置顶，则根据发布时间先后排序，新的在前，旧的在后。图 6.10 中前两条新闻置顶，第三条新闻标新。

图 6.10　首页新闻效果图

6.3.1　数据准备

在数据库 qihangdb 的新闻类别表 newsclass 中添加图 6.11 所示记录。

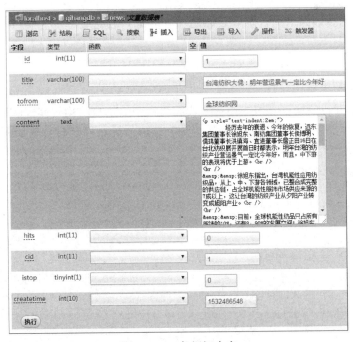

图 6.11　newsclass 记录内容

在新闻表 news 中添加记录，如图 6.12 所示。在添加记录时，id 为自动编号，不需要填写，新闻内容 content 可以任意填写，发布时间 createtime 参考图示，后面会具体介绍。

图 6.12　一条新闻内容

添加 8 条以上类似记录，如图 6.13 所示。

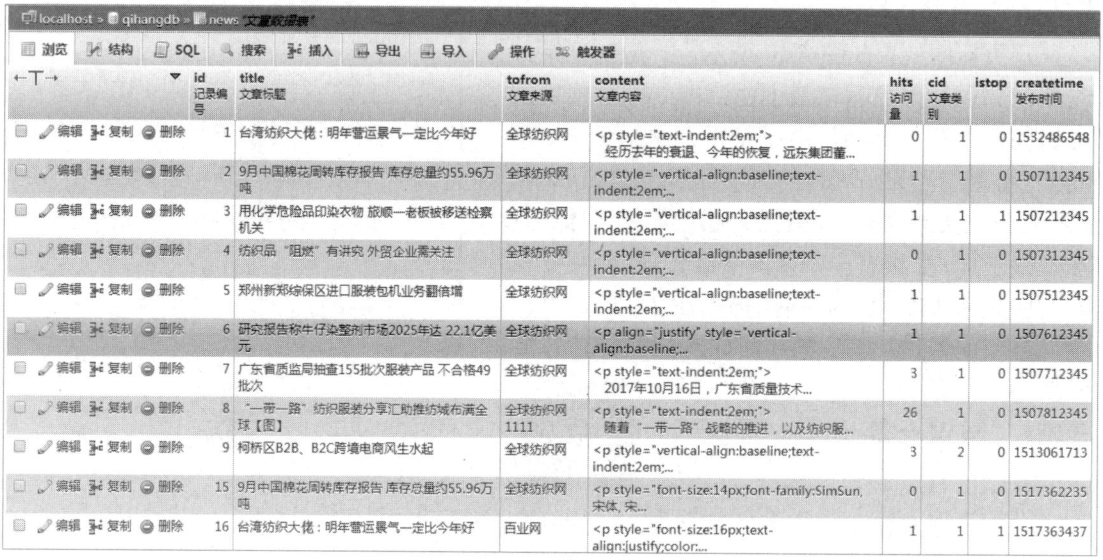

图 6.13 新闻表参考内容

6.3.2 首页新闻实现

1. 设计思路

（1）找到首页新闻——"纺织动态"代码块的规律，保留一条新闻作为循环体；

（2）除"新闻标题"和"发布时间"外，检索内容需要考虑单击新闻标题后可以查看该新闻详细内容，需要通过记录编号 id 追踪。另外，项目有置顶功能，还需要检索是否置顶 istop 字段；

（3）首页展示新闻的空间有限，只能显示 7 条新闻，且新闻标题有可能超出宽度，只能部分显示；

（4）将数据表中发布时间 createtime 显示为年月日格式。

2. 数据抓取与展示

在 index.php 中找到如下"纺织动态"代码块，删除重复结构新闻，保留一条新闻作为循环体参考，这里保留了最后一条静态新闻，将其注释。如果这时打开网站首页，"纺织动态"区域将显示空白内容。

```
1.  <!-- 纺织动态 -->
2.  <div class="col-md-4">
3.  <span class="part1">
4.      <a href="#" >纺织动态</a>
5.  </span>
6.  <span class="part1 en">
7.       / News
8.  </span>
9.  <div class="line1">
10.     <div class="line2 theme"></div>
11. </div>
12. <div>
```

```
13.        <ul class="list-unstyled list-new">
14.            <!-- <li>
15.            <a href="#" title="绍兴印染开启新一轮大技改">绍兴印染开启新一轮大技改</a>
16.                <span>【2017-06-01 】</span>
17.            </li> -->
18.        </ul>
19. </div>
20. </div>
```

在第 13 行后面添加 PHP 代码，按照数据表操作步骤，编写代码，执行命令，按行返回关联数组，最后循环输出新闻列表内容，纺织动态新闻数据抓取与显示代码如下：

```
12. <div>
13.        <ul class="list-unstyled list-new">
14.            <?php
15.            //定义 sql   检索新闻数据表中的记录
16.            $sql="select title,createtime,id,istop from news order by istop desc,
createtime desc";
17.            //执行命令
18.            $results=mysqli_query($conn,$sql) or die("执行检索文章命令错误");
19.            //按照格式输出
20.            while($row=mysqli_fetch_assoc($results)){
21.                echo '<li>';
22.                echo '<a href="#" title="'.$row['title'].'" >';
23.                echo $row['title']. '</a><span>【'. $row['createtime'].'】
</span>';
24.                echo '</li>';
25.                }
26.            ?>
27.            <!-- <li>
28.            <a href="#" title="绍兴印染开启新一轮大技改">绍兴印染开启新一轮大技改
</a>
29.                <span>【2017-06-01 】</span>
30.            </li> -->
31.        </ul>
32. </div>
```

注意：在编写 SQL 命令时，使用置顶 istop 作为第一排序关键词，发布时间 createtime 作为第二排序关键词。在数据表 news 中，istop 为 "1" 表示置顶，为 "0" 表示常规新闻。两个排序关键词均使用降序排序，中间使用半角逗号分隔。

上文代码中第 20 行采用了新的方法 mysqli_fetch_assoc()按行返回关联数组，也可以参考导航条代码块中的 mysqli_fetch_array()方法实现。mysqli_fetch_assoc()函数的作用是从结果集中取得一行作为关联数组。语法如下：

```
mysqli_fetch_assoc(result);
```

其中参数 result 为必选项，表示由 mysqli_query()、mysqli_store_result()或 mysqli_use_result()返回的结果集标识符。mysqli_fetch_assoc()返回代表读取行的关联数组，如果结果集中没有更多的行则返回 NULL。

第 21～24 行代码将保留的循环体参考代码（第 27～30 行，可以删除）用 PHP 代码动态表示，至此已经初步完成 "纺织动态" 内容，如图 6.14 所示。观察效果，会发现首页布局被破坏，需要解决显示新闻数量问题。

图 6.14　纺织动态初步效果

3．返回指定记录数 limit

当使用查询语句时，通常需要返回前几条或者中间某几行数据，mysql 的 limit 子句可以实现该功能。limit 子句用于强制 select 语句返回指定的记录数。其语法如下：

```
select * from table_name limit [offset,] rows
```

其中参数 offset 为可选项，表示第一个返回记录行的偏移量，默认记录行的偏移量是 0（而不是 1），参数 rows 表示返回记录行的最大数目。两个参数必须是整数常量。如：

```
1. select * from table_name limit 5,10; // 检索记录行 6~15 共 10 条记录
2. //如果只给定一个参数，它表示返回最大的记录行数目
3. //换句话说，limit n 等价于 limit 0,n。
4. select * from table_name limit 5; //检索前 5 个记录行
```

项目首页"纺织动态"只需要显示 7 条新闻，因此修改第 16 行 SQL 命令，增加数量限制，修改后的检索代码如下：

```
15.   //定义 sql　检索新闻数据表中的记录
16.       $sql="select title,createtime,id,istop from news order by istop desc,
createtime desc limit 7";
```

保存后刷新首页，效果如图 6.15 所示，虽然只显示 7 条新闻，但页面布局还是被标题长度和发布时间破坏，有待进一步完善。

纺织动态 / News

台湾纺织大佬：明年营运景气一定比今年好【1517363437】

用化学危险品印染衣物 旅顺一老板被移送检察机关

台湾纺织大佬：明年营运景气一定比今年好【1507212345】

9月中国棉花周转库存报告 库存总量约 【1532486548】

55.96万吨 【1517362235】

柯桥区B2B、B2C跨境电商风生水起 【1513061713】

"一带一路"纺织服装分享汇助推纺城布满全球【图】

广东省质监局抽查155批次服装产品 不合格【1507812345】

49批次 【1507712345】

图 6.15　显示 7 条新闻

4．日期函数和字符串截取函数应用

（1）时间戳与日期函数

图 6.15 中方括号内的数字"1507712345"是时间戳，时间戳是指格林威治时间 1970 年 01 月 01 日 00 时 00 分 00 秒（北京时间 1970 年 01 月 01 日 08 时 00 分 00 秒）起到现在的总秒数。在设计数据表时，可以将发布时间数据类型设置成整型 int（10），方便转换成多种日期时间显示格式。

获得当前系统时间的时间戳可以使用 echo time(); 命令实现。PHP 中的 date() 函数可以把时间戳格式化为更易读的日期和时间，其语法如下：

```
date(format,timestamp)
```

其中参数 format 为必选项，表示需要输出日期字符串的格式，常用的格式字符见表 6.1；参数 timestamp 为可选项，表示需要转化的时间戳，默认是当前时间和日期。

表 6.1　常用 format 格式字符

字符	描述
d	一个月中的第几天（从 01 到 31）
D	星期几的文本表示（用三个字母表示）
w	星期几的数字表示（0 表示 Sunday[星期日]，6 表示 Saturday[星期六]）
W	用 ISO-8601 数字格式表示一年中的星期数字（每周从 Monday[星期一]开始）
F	月份的完整的文本表示（January[一月份]到 December[十二月份]）
m	月份的数字表示（从 01 到 12）
M	月份的短文本表示（用三个字母表示）
n	月份的数字表示，不带前导零（1 到 12）
Y	年份的四位数表示

续表

字符	描述
y	年份的两位数表示
a	小写形式表示：am 或 pm
A	大写形式表示：AM 或 PM
h	12 小时制，带前导零（01 到 12）
H	24 小时制，带前导零（00 到 23）
i	分，带前导零（00 到 59）
s	秒，带前导零（00 到 59）

新建一个 php 网页并输入如下代码，实现输出时间戳与日期格式转换：

```
1.  <?php
2.  echo time();//输出当前时间的时间戳,测试为1532508006
3.  echo"<br>";
4.  echo date('Y-m-d H:i:s');//等价于 echo date('Y-m-d H:i:s',time());
5.  //页面显示为 2018-07-25 08:40:06
6.  ?>
```

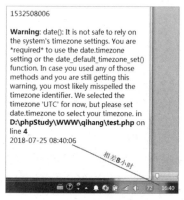

图 6.16 代码页面效果

在 PHP7 以下版本中，执行上述代码后显示图 6.16 所示效果。可以发现，将时间戳转换后显示的时间与系统时间刚好相差 8 小时，原因是没有设置默认时区（PHP7 及以上版本运行后没有时差，不用特别设置时区）。

如果出现时差问题，可以使用 date_default_timezone_set() 函数设置脚本中所有日期/时间函数使用的默认时区。其语法如下：

```
date_default_timezone_set(timezone);
```

其中参数 timezone 为必选项，表示要使用的时区，比如"Asia/Shanghai"或"Europe/Paris"，也可使用国家名称的缩写，如中国（the People's Republic of China）缩写成"PRC"，因此可以使用 date_default_timezone_set('PRC'); 来设置中国时区。在代码的第 2 行添加设置中国时区代码，再观察网页显示时间是否与系统时间一致。

```
1.  <?php
2.  date_default_timezone_set("PRC");
3.  echo time();//输出当前时间的时间戳,测试为1532508006
4.  echo"<br>";
5.  echo date('Y-m-d H:i:s');//等价于 echo date('Y-m-d H:i:s',time());
6.  //页面显示为 2018-07-25 08:40:06
7.  ?>
```

（2）字符串截取函数

字符串截取功能将在多处被调用，因此在 inc 文件夹下新建一个名为"functions.php"页面，用于书写自定义函数，方便后期调用。

教材模板 inc/functions.php 中已提供字符串截取函数 substr_text() 的代码，可以直接使用。

5. 完成首页新闻

functions.php 可以在首页调用，如果被调用的频率比较高，也可以在 conn.php 中调用，本项目属于第二种情况。

在"conn.php"的最后一行添加如下代码调用 functions.php:

<?php include 'functions.php';?>

（1）完成新闻标题"砍尾"显示

回到首页 index.php，将第 23 行代码做如下修改，调用字符串截取函数。

```
19.  //按照格式输出
20.       while($row=mysqli_fetch_assoc($results)){
21.            echo '<li>';
22.            echo '<a href="#" title="'.$row['title'].'" >';
23.            echo substr_text($row['title'],0,18) . '</a><span>['.
$row['createtime'].'] </span>';
24.            echo '</li>';
25.       }
```

其中，第一个参数$row['title']是从数据库中取出的原始字符串，第二个参数 0 表示从首字符开始计算，第三个参数 18 表示截取字符串长度为 18。保存后刷新首页，可以看到布局效果已经恢复正常。

（2）新闻置顶

置顶新闻在界面上体现为加粗、红色显示。根据 istop 的值来判断是否需要置顶，如果为 1，表示置顶，为 0 表示常规新闻。将检索出来的记录集按是否置顶为第一排序关键字，发布时间为第二排序关键字，使新闻的显示顺序符合要求，现在只需要使用条件判断控制显示效果。

为提高代码的可读性，方便改写，将原来的第 23 行代码改写成如下红色框内的第 23 行和第 24 行所示，改写代码后显示效果不变。

```
19.  //按照格式输出
20.       while($row=mysqli_fetch_assoc($results)){
21.            echo '<li>';
22.            echo '<a href="#" title="'.$row['title'].'" >';
23.            echo substr_text($row['title'],0,18) ;
24.           echo '</a><span>['. $row['createtime'].'] </span>';
25.            echo '</li>';
26.       }
```

将上面第 23 行代码改写为一个 if…else 语句，实现新闻标题置顶显示需要的红色加粗功能，如下面红框内的代码。置顶功能代码完成后，刷新首页，实现新闻置顶功能的效果如图 6.17 所示。

```
20. while($row=mysqli_fetch_assoc($results)){
21.            echo '<li>';
22.
               echo '<a href="#" title="'.$row['title'].'" >';

23.            //置顶
24.            if($row['istop']==1){
25.            echo '<b class="red">'.substr_text($row['title'],0,18).'</b>';
```

```
26.          }else{
27.              echo substr_text($row['title'],0,18);
28.          }
29.      echo '</a><span>['.$row['createtime'].']</span>';
30.      echo '</li>';
31.  }
```

图 6.17　置顶完成后的界面效果

（3）时间与标新

项目需要页面显示的日期格式为 xxxx-x-x，使用日期函数改写第 29 行代码，如红线标识。

```
29.      echo '</a><span>['.date("Y-m-d",$row['createtime']).']</span>';
30.      echo '</li>';
```

如果新闻发布时间为最近一周，需要添加"new"标识标新。计算当前时间与新闻发布时间的差值，如果结果小于一周（7*24*60*60）内，则添加 new 图标，注意时间以秒单位。最后的首页新闻代码如下，标新代码为红色框内部分。至此，首页新闻已实现效果图要求。

```
14. <?php
15.      //定义sql  检索新闻数据表中的记录
16.      $sql="select title,createtime,id,istop from news order by istop desc,createtime desc limit 7";
17.      //执行命令
18.      $results=mysqli_query($conn,$sql) or die("执行检索文章命令错误");
19.      //按照格式输出
20.      $current=time();//获得当前时间
21.      $deff=(7*24*60*60);//设置标新的时间范围，此处为一周，单位为秒
22.      while($row=mysqli_fetch_assoc($results)){
23.          echo '<li>';
24.          echo '<a href="#" title="'.$row['title'].'" >';
25.          //标新
26.          if(($current-$row['createtime'])<$deff){
27.          echo '<span class="new"></span>';
28.          }
29.          //置顶
30.          if($row['istop']==1){
```

```
31.        echo '<b class="red">'.substr_text($row['title'],0,18).'</b>';
32.        }else{
33.            echo substr_text($row['title'],0,18);
34.        }
35.    echo '</a><span>【'.date("y-m-d",$row['createtime']).'】</span>';
36.    echo '</li>';
37.        }
38.    ?>
```

注意：如果页面中没有出现"new"图标，在代码无误的情况下，还需要确认数据库中是否存在最近一周内发布的新闻。

6.3.3 巩固练习

1．完成启航网站新闻首页功能。
2．参考教材，完成拓展网站新闻首页功能。

6.4 新闻详情页

众所周知，当我们想要查看某条新闻的详细内容时，只需要单击该新闻标题即可打开如图 6.18 所示的新闻详情页面，区别在于单击不同的新闻标题，新闻详情会显示相应内容。只要在 PHP 中通过传递新闻编号 id 进行记录追踪，单击任意一条新闻的标题，就会在详情页面根据 id 检索显示相应新闻内容。

图 6.18　新闻详情页布局效果

6.4.1 新闻内容对应展现

1. 传递 id

单击首页的新闻标题，发现全部是空链接，因此第一步要解决的是使用超链接查询字符串把新闻编号传递给新闻详情页（details.php）。

找到 index.php 中新闻列表部分代码，即前文首页新闻的第 24 行代码，修改成如下所示内容，其中画线部分代码可以实现传递该新闻的 id，保存后刷新首页，将鼠标放在新闻标题上，观察浏览器状态栏，已经实现鼠标悬停在不同的新闻标题时，链接地址都是指向"details.php"页面，但是后面的查询字符串"id=？"的值均不同，仔细对比会发现该"？"值就是该新闻的 id。

```
24.echo '<a href="details.php?id='.$row['id'].'" title="'.$row['title'].'" >';
```

2. 数据检索

将备份的模板页 details.html 内容另存为根目录下 details.php，使用包含 header.php 替换第 142 行以前的内容，再在第 1 行写上包含 conn.php，修改后的新闻详情页面 details.php 前三行代码如下：

```
1. <?php    include "inc/conn.php";?>
2. <?php    include "inc/header.php";?>
3. <!-- ##########主体########## -->
```

同样，使用 footer.php 包含文件替换页脚部分，完成 details.php 页面。注意：details.html 页面中用到了样式文件 model.css，因此需要在 header.php 新增样式链接 <link href="css/model.css" rel="stylesheet">，header.php 页增加样式 model.css 链接后的代码如下：

```
3. <head>
4.    <meta charset="utf-8">
5.    <meta http-equiv="X-UA-Compatible" content="IE=edge">
6.    <meta name="viewport" content="width=device-width, initial-scale=1">
7.    <title>启航纺织</title>
8.    <link href="css/bootstrap.min.css" rel="stylesheet">
9.    <link href="css/master.css" rel="stylesheet">
10.    <link href="css/index.css" rel="stylesheet">
11.    <link href="css/model.css" rel="stylesheet">
12.    <!--[if lt IE 9]>
13.    <script src="js/html5shiv.js"></script>
14.    <script src="js/respond.min.js"></script>
15.    <![endif]-->
16.</head>
```

刷新首页，单击新闻标题，可以跳转到如图 6.18 所示的效果图页面，但是无论单击哪条新闻，显示的都是相同新闻内容，请读者思考原因。

经过思考，我们会发现尚未在 details.php 页面获取 id，未根据该 id 在数据库中检索新闻，因此显示的新闻内容是固定不变的。

另外，当我们上网浏览页面时，会发现即使同一个网站，标题栏显示的标题也会根据页面内容发生改变。在本例中，当访问首页时，网页标题栏显示公司名"启航纺织有限公司"，访问其他页面，如 A 新闻时，网页标题栏显示"A 新闻标题-启航纺织有限公司"。页面不同，网页标题栏中的标题会随即发生改变，即标题是"动态"变化的。因为网页标题代码在

header.php 页面，所以在 details.php 页面的第 2 行进行新闻检索，添加检索 id 对应新闻代码如下：

```php
1.  <?php        include "inc/conn.php";?>
2.  <?php
3.  //获取新闻的 id     $_GET ['参数名称']
4.  $id=intval(@$_GET ['id']);//intval()转换成整数
5.  //定义按照 id 检索对应新闻的 sql
6.  $sqldetails="select * from news where id=".$id;
7.  //执行 sql
8.  $resultsdetails=mysqli_query($conn,$sqldetails) or die("检索文章数据表失败");
9.  //数据有效性验证
10. $count=mysqli_num_rows($resultsdetails);
11. if($count==0){
12.     echo '<script>location.href="errors/404/";</script>';
13.     die();
14. }
15. $rowdetail=mysqli_fetch_assoc($resultsdetails);
16. $title=$rowdetail['title'];
17. ?>
18. <?php        include "inc/header.php";?>
```

上文第 4 行代码中的$_GET['id'] 用于获取从首页新闻标题传递过来的 id 值，前面的@作用在于屏蔽错误信息。如果省略@，直接运行 details.php 进行测试，会出现没有 id 值的错误提示，为避免这种情况发生，通常在$_GET['id']前面添加@解决。第 10～14 行用于判断能否检索到相应新闻，加强代码的强壮性。如果是单击新闻标题查看新闻内容，肯定可以检索到唯一的一条新闻内容；如果尝试直接修改地址栏查询字符串 id 的值来进行测试，则可能出现找不到对应新闻的情况。第 16 行用于获得当前新闻的新闻标题，方便显示到网页标题栏中。

修改 header.php 页面第 7 行代码的<title>启航纺织</title>为<title><?=@$title?>--启航纺织有限公司</title>，可以实现网页标题动态化显示。

```php
7.  <title><?=@$Title?>--启航纺织有限公司</title>
```

3．数据显示

找到 details.php 页面中数据显示的静态代码第 50～66 行，其中第 50～52 行为新闻标题位置，第 53 行开始为新闻详情，第 54～56 行为发布日期与访问量，第 57～65 行为新闻内容，第 66 行为第 53 行对应的新闻详情结束标签。

```html
50. <div class="model-details-title center">
51.     启航再获"中国企业 200 强公众透明度最佳社会责任报告奖"          新闻标题位置
52. </div>
53. <div class="model-details">
54.     <div class="page-header center">
55.         日期：2017-08-27       阅读：<span class="badge">100</span>
56.     </div>                                                          日期与访问量
57.     <div >
58.         <p>08 月 27 日，"互联网+社会责任管理创新暨 2016 中国企业可持续竞争力年会"在北京举
行。会议发布了《中国企业公众透明度报告（2016-2017）NO.2》（中国企业 200 强公众透明度指数），启航
纺织连续两年荣获会议最高奖——最佳社会责任报告奖。
59.         </p>                                                        新闻内容
```

```
60.          <p>中国企业可持续竞争力年会由中国企业管理研究会社会责任专业委员会、中国工业经济联合
会中国工业企业社会责任研究智库、北京融智企业社会责任研究所共同主办，是中国企业社会责任管理领域的高
级别会议，已连续举办三届。本届年会以"互联网+"行动的全面实施为背景，旨在探讨互联网对企业社会责任管
理创新带来的挑战和机遇。来自国资委、工信部、社科院、国际红十字会、联合国开发计划署、瑞典大使馆、北
京大学、各行业协会、国内外企业及 NGO 的 100 余名代表参加了会议。"最佳社会责任报告奖"是在中国企业
200 强公众透明度评价研究的基础上，从企业发布的社会责任报告的内容、透明度、设计、展现形式、平衡性、
可比性、可读性等诸多方面，经过社会责任专家委员会的多轮打分，在 200 份报告中严格评选产生，代表对企业
公众透明度和社会责任报告编制水准的高度认可与表彰。
61.          </p>
62.          <p>
63.          <img class="img-responsive model-
img" src="uploadfiles/image/20170912/W020151221632672435941.jpg" alt="">
64.          </p>
65.      </div>
66.</div>
67.<div class="row" style="width:100%; clear:both;line-height:30px; margin-
bottom:10px;">
68.上一篇: <a href="details.php?id=15">9月中国棉花周转库存报告  库存总量约 55.96 万吨
</a><br>下一篇: 没有了
69.</div>
```

将上述代码用前面第 15 行的关联数组$rowdetail 相应内容进行替换，修改成动态代码的新闻内容展示，代码如下所示，保存后，从首页单击新闻标题，可以实现新闻内容动态显示，即单击不同的标题，将显示不同的新闻内容。

```
50.<div class="model-details-title center">
51.      <?=$rowdetail['title']?>                    新闻标题
52.</div>
53.<div class="model-details">
54.      <div class="page-header center">
55.      日期: <?=date("Y-m-d H:i",$rowdetail['createtime'])?>    阅读:
<span class="badge"><?=$rowdetail['hits']?></span>              日期与访问量
56.      </div>
57.      <div >
58.          <?=$rowdetail['content']?>                          新闻内容
59.      </div>
60.</div>
```

到目前为止，我们已经实现新闻内容的动态展示，但仔细观察会发现仍存在不足，一处是点击量不会随着访问次数增加而增加；另一处是底部的上一篇下一篇是固定不变的。接下来我们逐一解决这些 BUG。

6.4.2 新闻点击量更新

这里要用到 update 更新语句，根据访问新闻的 id，将该新闻的访问次数加 1，并显示到网页中，因此 update 命令必须写在读取新闻内容之前。在 details.php 的第 4 行和第 5 行之间添加更新点击量的代码如下所示，即可实现点击量的更新，刷新新闻内容进行测试。

```
1.  <?php        include "inc/conn.php";?>
2.  <?php
3.  //获取新闻的 id     $_GET['参数名称']
4.  $id=intval(@$_GET ['id']);//intval()转换成整数
5.  //更新点击量
6.  $updatesql="update news set hits=hits+1 where id=".$id;
7.  mysqli_query($conn,$updatesql) or die("更新文章数据表失败");
8.  //定义按照 id 检索对应新闻的 sql
9.  $sqldetails="select * from news where id=".$id;
```

6.4.3　上一篇/下一篇

假设当前新闻的编号 id 为 15，按照常理上一篇新闻的编号 id 应该是 14。但是在实际应用中，新闻编号不一定是连续的，中间的数据可能被删除过，导致 id 不是连续的。因此我们需要查找 id 小于当前新闻编号的一条新闻。

将"上一篇"设置代码修改如下：

```
64.<div class="row" style="width:100%; clear:both;line-height:30px; margin-
bottom:10px;">
65.    <?php
66.    //上一篇
67.        $psql="select id,title from news where id<$id order by id desc
limit 1";
68.        //查询 id 小于当前 id 的一条新闻，id 最接近当前 id
69.        $presults=mysqli_query($conn,$psql) or die("检索上一篇失败");
70.        if(mysqli_num_rows($presults)>0){
71.            $prow=mysqli_fetch_assoc($presults);
72.            echo '上一篇:
<a href="details.php?id='.$prow['id'].'">'.$prow['title'].'</a>';
73.        }else{
74.            echo '上一篇: 没有了';
75.        }
76.        echo '<br/>';
77.        ?>
78.    下一篇: 没有了
79.</div>
```

6.4.4　巩固练习

1. 实现启航网站的新闻内容页功能。
2. 参考"上一篇"的实现方法，实现启航网站的"下一篇"功能。
3. 学习右侧视频，实现首页公司简介功能。
4. 参考课件，实现拓展网站的新闻详情页功能。

6.5 首页产品展示

首页产品展示运用了 js 滚动特效，当鼠标经过某一产品时，出现一个半透明遮罩层显示该产品的参数，热门产品显示"热销"图标，推荐产品显示"推荐"图标。考虑到首页加载时间，不建议显示太多图片，案例项目显示 8 个产品，效果如图 6.19 所示。

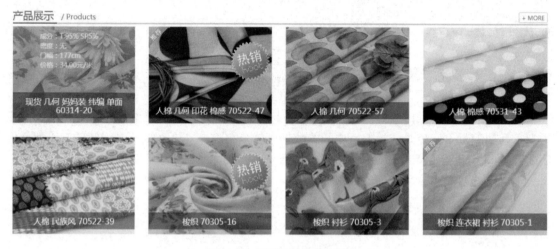

图 6.19　首页产品展示效果

6.5.1　数据准备

在数据库 qihangdb 的新闻类别表 productclass 中添加如图 6.20 所示记录。

	id 记录编号	classname 名称	sort 排序
编辑 复制 删除	1	提花面料	1
编辑 复制 删除	2	印花面料	2
编辑 复制 删除	3	素色面料	3
编辑 复制 删除	4	格子面料	4
编辑 复制 删除	5	条子面料	5
编辑 复制 删除	6	绣花面料	6
编辑 复制 删除	7	麻料面料	7
编辑 复制 删除	8	毛纺面料	8
编辑 复制 删除	9	皮革面料	9
编辑 复制 删除	10	里布面料	10

图 6.20　productclass 记录内容

在产品表 product 中添加记录，如图 6.21 所示，id 为自动生成编号，不需要填写；产品记录内容可以参考静态页面填写，类似新闻内容，图文并茂；发布时间 createtime 参考图示进行填写或使用 echo time() 输出当前时间再复制到记录中。

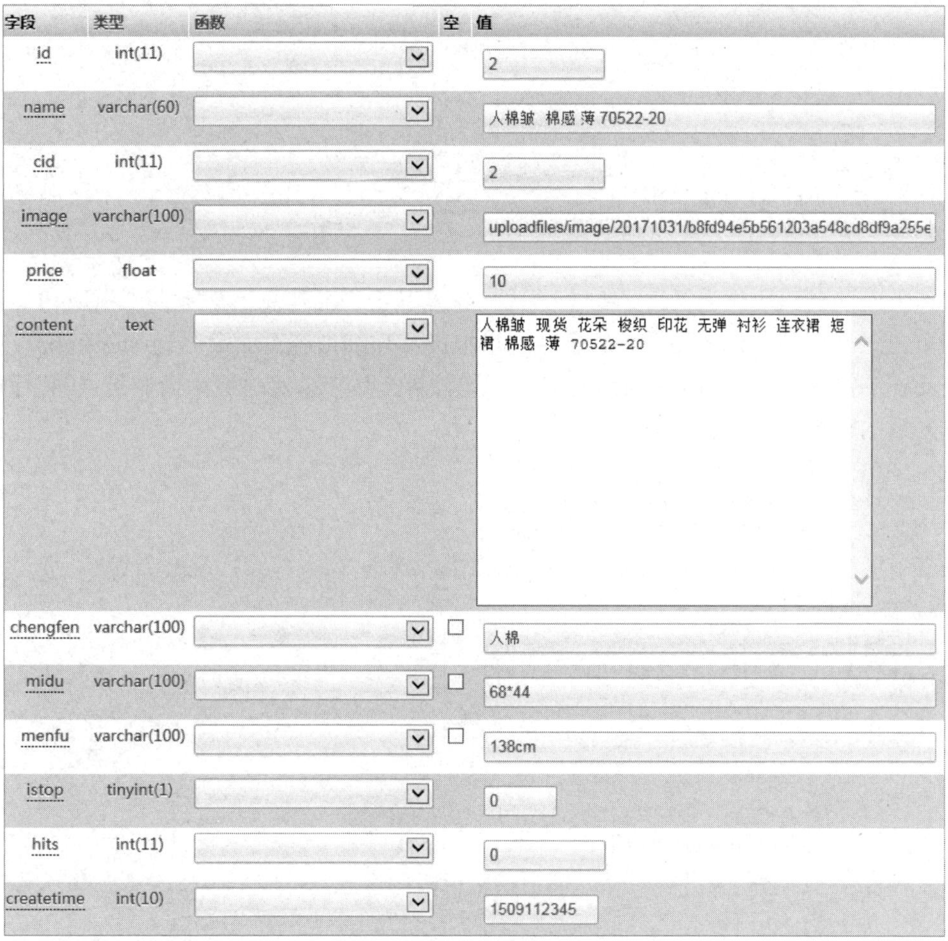

字段	类型	函数	空	值
id	int(11)			2
name	varchar(60)			人棉皱 棉感 薄 70522-20
cid	int(11)			2
image	varchar(100)			uploadfiles/image/20171031/b8fd94e5b561203a548cd8df9a255e
price	float			10
content	text			人棉皱 现货 花朵 梭织 印花 无弹 衬衫 连衣裙 短裙 棉感 薄 70522-20
chengfen	varchar(100)		☐	人棉
midu	varchar(100)		☐	68*44
menfu	varchar(100)		☐	138cm
istop	tinyint(1)			0
hits	int(11)			0
createtime	int(10)			1509112345

图 6.21　一个产品内容

6.5.2　数据抓取与显示

仔细观察"产品展示"区域各个产品的代码，特别是显示"推荐"和"热销"图标的产品。可以发现各产品的代码结构除其中一行有区别外，其余完全相同，删除重复结构后保留产品循环体。代码如下，第 218 行代码处，如果是普通产品，此处为空；如果是推荐产品，此处显示<div class="istop"></div>；如果是热销产品，此处显示<div class="hot"></div>，允许推荐和热销同时显示在一个产品中。

```
204.    <div class="col-md-3 mb30">
205.        <div class="productbox">
206.          <a href="show.html" >
207.            <img class="img-
responsive" src="uploadfiles/image/20170910/1591234568.jpg" alt="人棉　几何　印花 棉
感 70522-47" style="height:200px;">
208.            <div class="overlay">
209.              <h2>人棉　　几何　印花 棉感 70522-47</h2>
210.              <p>
211.                  成分: 人棉 <br/>
212.                  密度: 100*80 <br/>
```

```
213.              门幅: 142cm<br/>
214.              价格: 7.80 元/米
215.            </p>
216.          </div>
217.        </a>              推荐              热销
218.        <div class="istop"></div> <div class="hot"></div>
219.      </div>
220.    </div>
```

保留上面的代码块作为循环体参考结构，删除其余产品信息，从数据库抓取与显示相关内容。单击产品可以查看产品详细信息，这里把产品详细内容页面命名为 show.php。首页产品与产品详细内容依据产品编号 id 追踪，因此首页产品超链接地址为类似第 194 行代码所示。修改后的首页产品展示代码如下：

```
186.    <div class="row">
187.    <?php
188.
    $sql="select id,name,image,chengfen,midu,menfu,price,istop,hits from product order by createtime desc limit 8";
189.    $results=mysqli_query($conn,$sql) or die("检索产品错误！");
190.    while($row=mysqli_fetch_assoc($results)){
191.    ?>
192.    <div class="col-md-3 mb30">
193.        <div class="productbox">
194.          <a href="show.php?id=<?=$row['id']?>" >
195.            <img class="img-responsive" src="<?=$row['image']?>" alt="<?=$row['name']?>" style="height:200px;">
196.            <div class="overlay">
197.              <h2><?=$row['name']?></h2>
198.              <p>
199.                成分: <?=$row['chengfen']?> <br/>
200.                密度: <?=$row['midu']?> <br/>
201.                门幅: <?=$row['menfu']?><br/>
202.                价格: <?=number_format($row['price'],2)?>元/米
203.              </p>
204.            </div>
205.          </a>
206.          <?php
207.            if($row['istop']==1){echo '<div class="istop"></div>';}
208.            if($row['hits']>100){echo '<div class="hot"></div>';}
209.          ?>
210.        </div>
211.    </div>
212.    <?php  } ?>
213.    </div>
```

上述代码第 202 行的 number_format() 函数用来格式化数字，常用于格式化价格，将价格显示成国际通用的千位分组，每三位使用一个逗号（,）作为千位分隔符，如 "5000" 表示成 "5,000"。其语法如下：

number_format(number,decimals,decimalpoint,separator)。

　　该函数支持一个、两个或四个参数，通常使用前两个参数。参数 number 为必选项，表示要格式化的数字，如果只有这个参数，则数字会被四舍五入，并格式化为千位分组的整数；参数 decimals 为可选项，表示保留的小数位数。如：

```
1.  $num = 9999.4;
2.  $testNum = number_format($num)."<br>";
3.  echo $testNum;//9,999
4.  $testNum = number_format($num, 2);
5.  echo $testNum;//9,999.40
```

6.5.3　巩固练习

1. 完成启航网站首页的产品展示。
2. 参考教材，实现拓展网站首页上类似产品展示功能。

6.6　产品详情页

6.6.1　产品详情对应展现

　　将模板 show.html 另存为 show.php，编写好包含文件后先运行页面，查看效果是否与静态效果一致，如图 6.22 所示。

图 6.22　产品详情效果图

实现"加入购物车"功能需要使用表单，在源代码中可以看到，网页把产品信息作为隐形值进行传递，如<input type="hidden" name="name" value="剪花提花面料 F05586">传递了产品名称。另外，产品详情一般是图文并茂的详细介绍，可以在数据表 product 的 content 中进行描述，案例项目考虑产品详情图片数量不要太多，因此在图 6.22 中产品图片先使用相同图片，不做动态修改（实际项目开发中，可以在产品表的产品详情中设置不同的图文介绍）。

产品详细信息的读取代码和产品详细信息的展示代码如下所示，其中表单提交地址尚未修改。产品详情实现思路与新闻详情实现类似，产品信息读取代码如下：

```php
1.  <?php include "inc/conn.php";?>
2.  <?php
3.      $id=intval(@$_GET['id']);
4.      $sql="select * from product where id=".$id;
5.      $results=mysqli_query($conn,$sql) or die("执行命令失败！");
6.      $count=mysqli_num_rows($results);
7.      if($count==0){
8.          echo '<script>location.href="errors/404/";</script>';
9.          die();
10.     }
11.     $rowdetail=mysqli_fetch_assoc($results);
12.     $title=$rowdetail['name'];
13. ?>
```

产品详情展示只需要将静态代码对应位置替换成动态 PHP 代码即可，具体代码如下：

```php
65. <div class="col-md-9">
66.         <div class="model-details-title">
67.             <?=$rowdetail['name']?>
68.         </div>
69.         <div class="row">
70.             <div class="col-md-6">
71.                 <a href="#" class="thumbnail"><img class="img-
responsive model-
img" src="<?=$rowdetail['image']?>" alt="<?=$rowdetail['name']?>"></a>
72.             </div>
73.             <div class="col-md-6">
74.                 <ul class="list-group">
75.                     <li class="list-group-item">成分：
<?=$rowdetail['chengfen']?></li>
76.                     <li class="list-group-item">密度：
<?=$rowdetail['midu']?></li>
77.                     <li class="list-group-item">门幅：
<?=$rowdetail['menfu']?></li>
78.                     <li class="list-group-item">价格：
¥ <b style="color:#f00;font-size:25px;"><?=number_format($rowdetail['price'],2)?>
元/米</b></li>
79.                 </ul>
80.                 <form action="member.php?act=addcart" method="post">
81.                     <div >
82.                         <span class="jian"></span>
83.                         <input type="text" name="num" class="num" value="1">
```

```
84.                     <span class="jia"></span>
85.                 </div>
86.                 <div style="clear:both;padding-top:15px;margin-
bottom:30px;">
87.                     <button type="submit" class="btn btn-danger">加入购
物车</button>
88.                     <input type="hidden" name="sid" value="<?=
$rowdetail['id']?>">
89.                     <input type="hidden" name="name" value="<?=
$rowdetail['name']?>">
90.                     <input type="hidden" name="price" value="<?=
$rowdetail['price']?>">
91.                     <input type="hidden" name="image" value="<?=
$rowdetail['image']?>">
92.                 </div>
93.             </form>
94.             </div>
95.         </div>
96.         <div class="row">
97.             <div class="panel panel-default">
98.                 <div class="panel-heading">
99.                     <h3 class="panel-title">产品详情</h3>
100.                </div>
101.                <div class="panel-body">
102.                    <?=$rowdetail['content']?>
103.                    <!-- 下面的图片实际上应该删除，
104.                        因数据表中产品内容没有图片，暂时保留-->
105.                    <img src="uploadfiles/image/20170912/1591234499.png"/>
106.                    <img src="uploadfiles/image/20170912/1591234498.png"/>
107.                    <img src="uploadfiles/image/20170912/1591234497.png"/>
108.                    <img src="uploadfiles/image/20170912/1591234500.png"/>
109.                    <img src="uploadfiles/image/20170912/1591234501.png"/>
110.                    <img src="uploadfiles/image/20170912/1591234502.png"/>
111.                    <img src="uploadfiles/image/20170912/1591234503.png"/>
112.                    <img src="uploadfiles/image/20170912/1591234504.png"/>
113.                </div>
114.            </div>
115.        </div>
116.        </div>
117.    </div>
118. </div>
119. <!-- #########主体（end）######### -->
120. <?php
121.     include "inc/footer.php";
122. ?>
```

6.6.2　巩固练习

1．完成启航网站的产品详细内容展示。

2．参考教材，实现拓展网站产品详情页。

6.7　巩固练习

1．完成启航网站的"关于启航"功能，包括首页的"关于启航"和导航栏中"关于启航"相应的内容展示。

2．完成启航网站的"联系我们"功能。

第7章

前台新闻列表

7.1 新闻列表展现

复制模板页 newscenter.html 的内容，粘贴到项目根目录下新建的 newscenter.php 页面，调用 conn.php、header.php 和 footer.php 压缩代码。注意测试效果是否与静态页面一致，一致则删除重复的新闻，保留一条作为循环体。新闻列表页结构代码如下：

```
33. <div class="col-md-9">
34.     <div class="model-details-title">
35.         公司要闻
36.     </div>
37.     <div class="model-details" style="padding:0 20px;">
38.
39.         <div class="row line2">                         保留的新闻循环体结构
40.             <div class="col-md-2">
41.                 <div class="oran_news">
42.                     <button type="button" class="btn btn-info btn-circle btn-xl">27</button>2017.08
43.                 </div>
44.             </div>
45.             <div class="col-md-10">
46.                 <h3 class="title3"><a href="details.html">启航再获"中国企业200强公众透明度最佳社会责任报告奖"</a></h3>
47.                 <p class="p mb20"> 08 月 27 日，"互联网+社会责任管理创新暨 2015 中国企业可持续竞争力年会"在北京举行。会议发布了《中国企业公众透明度报告（2016-2017）NO.2》（中国企业200 强公众透明度指数），启航纺织连续两年荣获会议最高奖-最佳社会责任报告奖......</p>
48.             </div>
49.         </div>
50.
51.         <div class="paging">                           该div为分页代码
52.             <ul class="pagination">
53.                 <li><a href="#">«</a></li>
54.                 <li class="active"><a href="#">1</a></li>
55.                 <li><a href="#">2</a></li>
56.                 <li><a href="#">3</a></li>
57.                 <li><a href="#">4</a></li>
58.                 <li><a href="#">5</a></li>
59.                 <li><a href="#">»</a></li>
60.                 <li style="margin-left:20px;">
61.                     共 5 页，转到
```

```
62.                    <select style="margin-
top:5px;" name="select" onchange="var jmpURL=this.options[this.selectedIndex].valu
e ; if(jmpURL!='') {window.location=jmpURL;} else {this.selectedIndex=0 ;}">
63.                    <option value="#" selected="selected">1</option>
64.                    <option value="#">2</option>
65.                    <option value="#">3</option>
66.                    <option value="#">4</option>
67.                    <option value="#">5</option>
68.                </select>
69.            </li>
70.        </ul>
71.    </div>
72. </div>
73.</div>
```

修改上面的静态代码，进行新闻检索与显示，实现所有新闻的遍历输出。其中第 55 行用到一个新函数 strip_tags()，用于删除字符串中的 HTML、XML 以及 PHP 的标签。其语法如下：

```
strip_tags(string,allow)
```

其中参数 string 为必选项，表示要处理的字符串；参数 allow 为可选项，表示允许存在的标签，这些标签不会被删除。

在保留的循环体前添加新闻列表页内容检索代码，并在对应位置显示相应字段，修改后的代码如下：

```
33.<div class="col-md-9">
34.<div class="model-details-title">
35.    公司要闻
36.</div>
37.<div class="model-details" style="padding:0 20px;">
38.    <?php
39.        //写 SQL 命令
40.        $sql="select id,title,createtime,content from news order by
createtime desc ";
41.        $newsresults=mysqli_query($conn,$sql) or die("执行命令失败");
42.        while($newsrow=mysqli_fetch_assoc($newsresults)){
43.    ?>
44.    <div class="row line2">
45.        <div class="col-md-2">
46.            <div class="oran_news">
47.                <button type="button" class="btn btn-info btn-
circle btn-
xl"><?=date('d',$newsrow['createtime'])?></button><?=date('Y.m',$newsrow['createti
me'])?>
48.                </div>
49.        </div>
50.        <div class="col-md-10">
51.            <h3 class="title3"><a href="details.php?id=<?=$newsrow['id']?>">
52.                <?=$newsrow['title']?>
53.            </a></h3>
```

```
54.                <p class="p mb20">
55.                <?=substr_text(strip_tags($newsrow['content']),0,150)?>
56.                ……</p>
57.        </div>
58.     </div>
59.<?php } ?>
```

测试页面发现，目前 newscenter.php 将数据表中的所有新闻均显示在同一页上，显然，随着项目中新闻内容的增加，可以考虑分页显示。

7.2　分页原理

要把若干记录进行分页处理，至少需要确定以下信息：当前页码 currentpage，总记录数 rowcount，每页显示的记录数 pagesize。由当前页码可计算上一页码和下一页页码；由总记录数和每页显示的记录数可以计算得到页面数量。

假设总记录有 50 条，每页显示 10 条记录，很显然这 50 条记录可以分为 50/10=5 页，如果总记录数是 91 条，91/10=9.1，根据经验这 91 条记录可以分为 10 页，其中最后一页只有 1 条记录。在 PHP 中使用 ceil()函数实现进位取整，其语法为：

```
ceil(x)
```

如：ceil(0.001)得到 1，ceil(3.2)得到 4，ceil(5.8)得到 6，ceil(x)只要 x 有小数位，输出结果都会向前进一位并取得整数。

假设当前新闻记录数为 17 条，每页显示 5 条记录，则可以分为 ceil(17/5)=4 页，结合前面 6.3.2 首页新闻中的返回指定记录数 limit 所学知识，每页显示的记录如表 7.1 所示。

表 7.1　分页案例中每页显示的记录位置

页次	起始位置偏移量	结束位置偏移量	显示记录数量（条）	limit 命令
1	0	4	5	limit 0,5
2	5	9	5	limit 5,5
3	10	14	5	limit 14,5
4	15	16	2	limit 15,5

表 7.1 中最后一个单元格"limit 15,5"仍然按每页显示 5 条记录的需求去执行命令，实际最后一页检索出来只有 2 条记录，但是命令不影响显示结果。观察最后一列，如果我们可以确认检索的起始位置 start，即可实现分页。假设当前页次为 currentpage，每页显示的记录数为 pagesize，则可以得到：

```
start=(currentpage-1)*pagesize
```

7.3　新闻简单分页

修改 newscenter.php 中第 37 行代码后面的部分，新闻分页命令前半部分代码如下，见第 39~47 行。

```
37.     <div class="model-details" style="padding:0 20px;">
38.     <?php
39.        $page=intval(@$_GET['page']);//获取当前页次
```

```
40.        $pagesize=6;//设置每页显示的记录条数
41.        $sql="select id from news";//用于计算总记录数
42.        $newsresults=mysqli_query($conn,$sql) or die("执行命令失败");
43.        $count=mysqli_num_rows($newsresults);//总记录数
44.        $maxpage=ceil($count/$pagesize);//总页数
45.        $start=($page-1)*$pagesize; // 计算起始位置
46.        //写 sql 命令
47.
           $sql="select id,title,createtime,content from news order by createtime
desc limit $start,$pagesize";
48.        $newsresults=mysqli_query($conn,$sql) or die("执行命令失败");
49.        while($newsrow=mysqli_fetch_assoc($newsresults)){
50.    ?>
```

将显示分页的 div（第 70 行开始）修改成 PHP 代码，完成新闻列表的简单分页。静态分页页码部分显示效果如图 7.1 所示。实现新闻分页的部分代码如下：

```
70.<div class="paging">
71.<ul class="pagination">
72.    <?php                    双引号中内容等价于 newscenter.php?page=1
73.        echo '<li><a href="?page=1" title="首页">«</a></li>';
74.        //循环输出页码
75.        for($i=1;$i<=$maxpage;$i++){
76.            echo '<li ';
77.            if($page==$i){ echo 'class="active"';}//如果是当前页次增加 active 样式
78.            echo '><a href="?page='.$i.'">'.$i.'</a></li>';
79.        }
80.        //输出尾页链接
81.        echo '<li><a href="?page='.$maxpage.'" title="尾页">»</a></li>';
82.        echo '<li style="margin-left:20px;">共'.$maxpage.'页，转到';
83.        //输出下拉列表链接
84.        echo '<select style="margin-
top:5px;" name="select" onchange="var jmpURL=this.options[this.selectedindex].value ; if(jmpURL!=\'\') {window.location=jmpURL;} else {this.selectedindex=0 ;}" >';
                    此处为转义符号
85.        for($i=1;$i<=$maxpage;$i++){
86.            echo '<option value="?page='.$i.'" ';
87.            if($page==$i){echo ' selected="selected"';}
88.            echo '>'.$i.'</option>';
89.        }
90.        echo '</select></li>';
91.    ?>
92.</ul>
93.</div>
```

静态模板中的分页页码均为空链接，实际需求是单击"<<"导航至第 1 页，单击对应数字导航至对应页码，单击">>"导航至尾页。对于新闻列表页 newscenter.php 来说，第 1 页的超链接可以链接到 newscenter.php?page=1，第 2 页的超链接可以链接到 newscenter.php?page=2……因为都在 newscenter.php 进行跳转，不同的是查询字符串的值，因此也可以简写为"?page=n"，如"?page=3"表示链接到第 3 页。

因此修改上面代码的第 73 行代码，"«"是"<<"的转义字符，将其链接到新闻列表的第 1 页。第 81 行代码中，"»"是">>"的转义字符，将其链接到新闻列表的尾页 $maxpage。第 84 行"if(jmpURL!=\'\')"用到了转义符号"\"，解析到浏览器为"if(jmpURL!='')"，此处因为 echo 命令采用单引号作为字符串标识符，单引号内输出单引号需要将内部的单引号换成双引号，或者使用转义符号。

图 7.1　静态分页页码部分显示效果

保存上述修改后，如果直接单击导航"纺织动态"，会打开 newscenter.php 页面，显示"执行命令失败"消息，分析原因，分页需要确定当前页次、总记录数、每页显示几条记录等已知条件，后两者在代码中均有定义，即 $count 和 $pagesize，但是未定义当前页次 $page，因此测试时需要在网页名称后面添加查询字符串"?page=1"进行测试，网页即可正常显示，分页页码部分显示效果如图 7.2 所示，单击图中方块数字或下拉菜单，均可实现页面跳转，至此已经初步完成分页效果。

图 7.2　分页页码部分显示效果

7.4　分页优化

尽管已经实现了简单分页，但是还不能满足实际需求，请思考前面的分页功能可以进行哪些改进。第一个需要解决的是测试不够人性化，需要手动输入查询字符串；除此之外，还有一个亟待解决的问题，就是显示所有的页码是否合适？如果有几十个、上百个页码呢？因为项目的测试记录较少，可以尝试将每页显示的记录数修改为 $pagesize=1，帮助发现问题。刷新"http://www.qihang.com/newscenter.php?page=1"，显示类似如图 7.3 所示效果，如果有 50 条记录，就会显示 50 个页码，显示效果不理想。

图 7.3　分页页码范围显示过多

1. 解决测试繁琐问题

将 newscenter.php 的第 45 行修改成如下代码，如果测试页面不添加查询字符串"?page=n"，n 为所需页码，此时第 39 行代码 "$page=intval(@$_GET['page']); " 得到$page=0，改进后的第 46 行代码会将$page 改为 1，意味着显示第 1 页，同时也解决了手动书写页码误输入的可能性。例如要显示第 10 页内容，实际不小心输入了" http://www.qihang.com/newscenter.php?page=1o"（0 误输入成 o），页面仍然会正常显示。同样，第 47 行代码主要考虑到输入页码超过了现有分页数，系统将显示最后一页内容，经过修改的分页代码增加了强壮性。添加当前页次有效性判断后的代码如下：

```
44.        $maxpage=ceil($count/$pagesize);//总页数
45.        //验证 page 有效性
46.        if($page>$maxpage){$page=$maxpage;}
47.        if($page<1){ $page=1;}
48.        $start=($page-1)*$pagesize; // 计算起始位置
```

2. 解决分页页码显示过多的问题

将分页页码显示修改为如图 7.4 所示效果，可以解决页码显示过多的问题。"<<"表示链接到首页，"<"表示链接到当前页的上一页，中间数字表示要显示的页码，用户可以自定义显示的页码数量，考虑到对称性，我们规定显示的页码数量为奇数个，">"表示链接到当前页的下一页，">>"表示链接到尾页。右侧的页码统计和下拉菜单保持原样。

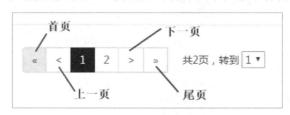

图 7.4　分页页码展示效果

将分页链接的代码进行修改，第 76 行代码 "$page_num=3;" 用于设置图 7.4 中的 "<" 和 ">" 之间的页码显示数量；第 77 行代码 "$pageoffset=($page_num-1)/2;" 用于设置对称轴左右显示的页码数量，以当前显示 3 个页码为例，除去对称轴页码 2 外，剩余页码平均分配在左右两侧（左右各 1，即页码偏移量为 1）；第 79～88 行代码用于计算不同情况下显示的页码范围；第 90 行和第 110 行代码新增了鼠标经过链接时的提示信息 title；第 92～96 行代码考虑到当前页面已经是第 1 页（甚至人为输入负数页码）的情况下，不存在上一页，通过设置链接无效 "javascript:vido();" 表示，其余情况上一页的链接正常显示；同样第 104～108 行代码考虑到当前显示页为尾页时，下一页链接无效。分页优化后的代码如下：

```
73.<div class="paging">
74.<ul class="pagination">
75.    <?php
76.        $page_num=3;//设置页码显示数量，考虑对称性，设置为奇数
77.        $pageoffset=($page_num-1)/2;//设置页码偏移量
78.        //设置页码的起始位置和结束位置
79.        if($page_num>=$maxpage){
80.            $pgstart=1;
81.            $pgend=$maxpage;
82.        }elseif(($page-$pageoffset-1+$page_num)>$maxpage){
```

```
83.              $pgstart=$maxpage-$page_num+1;
84.              $pgend=$maxpage;
85.          }else{
86.              $pgstart=(($page<=$pageoffset)?1:($page-$pageoffset));
87.              $pgend=(($pgstart==1)?$page_num:($pgstart+$page_num-1));
88.          }
89.      //输出首页链接
90.      echo '<li><a href="?page=1" title="首页">«</a></li>';
91.      //输出上一页链接
92.      if($page<=1){
93.              echo '<li><a href="javascript:vido();">‹</a></li>';
94.          }else{
95.              echo '<li><a href="?page='.($page-1).'" title="上一页
">‹</a></li>';
96.          }
97.      //循环输出页码
98.      for($i=$pgstart;$i<=$pgend;$i++){
99.              echo '<li ';
100.                  if($page==$i){ echo 'class="active"';}//如果是当前页次增加 active
样式
101.              echo '><a href="?page='.$i.'">'.$i.'</a></li>';
102.          }
103.          //输出下一页链接
104.          if($page>=$maxpage){
105.              echo '<li><a href="javascript:vido();">›</a></li>';
106.          }else{
107.              echo '<li><a href="?page='.($page+1).'" title="下一页
">›</a></li>';
108.          }
109.          //输出尾页链接
110.          echo '<li><a href="?page='.$maxpage.'" title="尾页">»</a></li>';
111.          echo '<li style="margin-left:20px;">共'.$maxpage.'页，转到 ';
112.          //输出下拉列表链接
113.          echo '<select style="margin-
top:5px;" name="select" onchange="var jmpURL=this.options[this.selectedindex].valu
e ; if(jmpURL!=\'\') {window.location=jmpURL;} else {this.selectedindex=0 ;}">';
114.          for($i=1;$i<=$maxpage;$i++){
115.              echo '<option value="?page='.$i.'" ';
116.              if($page==$i){echo ' selected="selected"';}
117.              echo '>'.$i.'</option>';
118.          }
119.          echo '</select></li>';
120.      ?>
121.  </ul>
122.  </div>
```

测试代码即可实现如图 7.5 所示效果。

图 7.5　分页优化后的页码显示（当前第 4 页）

7.5　分页链接函数

分页功能在项目中应用比较广泛，而分页代码比较烦琐，可以将分页链接代码封装成一个方法（函数），方便其他页面调用。

在"inc"的 functions.php 中定义一个函数 pagelist($maxpage,$page,$num)，参数 $maxpage 为总页数，$page 为当前页次，$num 为页码显示个数，将 newscenter.php 的第 76～119 行代码作为 pagelist ()函数的函数体，并将页面显示数量 3 改为$num，其余保持不变，具体代码如下：

```
27.  /**
28.  * pagelist 分页链接函数
29.  * @param $maxpage int  总页数
30.  * @param $page int  当前页次
31.  * @param $num int  页码显示长度
32.  * @return  string
33.  *
34.  */
35. function pagelist($maxpage,$page,$num){
36.          $page_num=$num;//设置页码显示数量，考虑到对称性，设置为奇数
37.          $pageoffset=($page_num-1)/2;//设置页码偏移量
38.          $pagelink="";//初始化链接字符串
39.          //设置页码的起始位置和结束位置
40.          if($page_num>=$maxpage){
41.              $pgstart=1;
42.              $pgend=$maxpage;
43.          }elseif(($page-$pageoffset-1+$page_num)>$maxpage){
44.              $pgstart=$maxpage-$page_num+1;
45.              $pgend=$maxpage;
46.          }else{
47.              $pgstart=(($page<=$pageoffset)?1:($page-$pageoffset));
48.              $pgend=(($pgstart==1)?$page_num:($pgstart+$page_num-1));
49.          }
50.          //输出首页链接
51.          $pagelink .= '<li><a href="?page=1" title="首页">«</a></li>';
52.          //输出上一页链接
53.          if($page<=1){
54.              $pagelink .= '<li><a href="javascript:vido();"><</a></li>';
55.          }else{
56.              $pagelink .= '<li><a href="?page='.($page-1).'" title="上一页"><</a></li>';
57.          }
58.          //循环输出页码
```

```
59.            for($i=$pgstart;$i<=$pgend;$i++){
60.                $pagelink .= '<li ';
61.                if($page==$i){ $pagelink .= 'class="active"';}//如果是当前页次增
加 active 样式
62.                $pagelink .= '><a href="?page='.$i.'">'.$i.'</a></li>';
63.            }
64.            //输出下一页链接
65.            if($page>=$maxpage){
66.                $pagelink .= '<li><a href="javascript:vido();">>></a></li>';
67.            }else{
68.                $pagelink .= '<li><a href="?page='.($page+1).'" title="下一页
">></a></li>';
69.            }
70.            //输出尾页链接
71.            $pagelink .= '<li><a href="?page='.$maxpage.'" title="尾页
">»</a></li>';
72.            $pagelink .= '<li style="margin-left:20px;">共'.$maxpage.'页，转
到 ';
73.            //输出下拉列表链接
74.            $pagelink .= '<select style="margin-
top:5px;" name="select" onchange="var jmpurl=this.options[this.selectedindex].valu
e ; if(jmpURL!=\'\') {window.location=jmpURL;} else {this.selectedindex=0 ;}">';
75.            for($i=1;$i<=$maxpage;$i++){
76.                $pagelink .= '<option value="?page='.$i.'" ';
77.                if($page==$i){$pagelink .= ' selected="selected";}
78.                $pagelink .= '>'.$i.'</option>';
79.            }
80.        $pagelink .= '</select></li>';
81.        return ($pagelink);
82.    }
```

打开 newscenter.php 文件，将原来的第 76～119 行代码删除，修改为调用自定义分页链接
函数，这里把要显示的页码数量 3 作为实参代入，保存后测试页面效果，分页正常显示。新
闻列表调用分页函数代码如下。

```
73.<div class="paging">
74.    <ul class="pagination">
75.        <?php
76.            //$maxpage 为总页数，$page 为当前页次，$num 为页码显示数量
77.            pagelist($maxpage,$page,3);
78.        ?>
79.    </ul>
80.</div>
```

至此，前台新闻功能模块已经全部完成。

7.6　巩固练习

1. 完成启航网站新闻列表页简单分页。
2. 参考教材，完成拓展网站新闻列表页简单分页。

3．完成启航网站新闻列表页分页优化。

4．参考课件，完成拓展网站新闻列表页分页优化。

5．封装分页函数。

6．调用分页函数完成启航网站新闻列表页分页功能。

7．参考教材，调用分页函数完成拓展网站新闻列表页分页功能。

8.1 产品列表

从导航"产品展示"进入产品列表页 products.php，该页产品显示效果与首页产品展示类似。在没有指定产品类型的情况下将展示所有产品，当选择导航子菜单或单击产品列表页左侧"产品类名"时，则只显示相应类别的产品，如图 8.1 所示查看格子面料，只显示 3 条记录。对比地址栏，"http://www.qihang.com/products.php"页面可以显示所有产品；"http://www.qihang.com/products.php?cid=4"页面显示的是类别编号为 4 的产品。

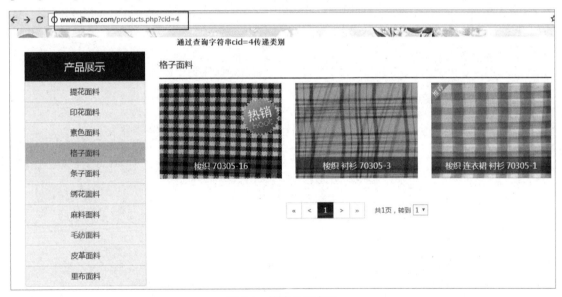

图 8.1　按类显示产品

8.1.1　产品列表初步实现

从模板 products.html 中找到 products.php，并制作好包含文件。首先要明确地址栏中是否有 cid 传递过来，如果没有，在图 8.1 右侧红色分隔线上方的"格子面料"处会显示"全部产品"，如果有则获得对应产品的类名，类名存储在$classname 中。

1. 获得产品分类

对 products.php 的开始部分进行修改，获取需要显示的产品类别，方便主体内容区域按需显示产品。产品列表页开始部分代码如下：

```
1.  <?php include "inc/conn.php";?>
```

```
2.  <?php
3.      $cid=intval(@$_GET['cid']);
4.      $sql="select * from productclass where id=$cid";
5.      $results=mysqli_query($conn,$sql) or die("错误");
6.      $rowclass=mysqli_fetch_assoc($results);
7.      if($cid==0){
8.          $classname="全部产品";
9.      }else{
10.         $classname=$rowclass['classname'];
11.     }
12.     $title=$classname;
13. ?>
14. <?php include "inc/header.php";?>
```

2. 按类检索

根据类别编号在数据表 product 表中检索产品信息，同时设置每页显示 6 条记录，考虑到产品数量可能超过 6 条，因此需要设计分页功能。参考新闻列表分页的做法，对产品列表进行修改，产品列表展示代码如下：

```
69. <div class="model-details-title">
70.     <?=$classname?>
71. </div>
72. <div class="row">
73.     <?php
74.         $page=intval(@$_GET['page']);//获取当前页次
75.         $pagesize=6;//设置每页显示的记录条数
76.         $condition=" where 1=1 ";//恒成立的条件表达式，不影响执行结果
77.         //分类查询
78.         if($cid==0){
79.             $condition.="";
80.         }else{
81.             $condition.=" and cid=$cid";
82.         }
83.
84.         $sql="select id from product $condition";
85.         $newsresults=mysqli_query($conn,$sql) or die("执行命令失败1");
86.         $count=mysqli_num_rows($newsresults);
87.         $maxpage=ceil($count/$pagesize);//总页数
88.         //验证 page 有效性
89.         if($page>$maxpage){$page=$maxpage;}
90.         if($page<1){ $page=1;}
91.         $start=($page-1)*$pagesize;
92.
93.         $sql="select id,name,image,chengfen,midu,menfu,price,istop,
hits from product $condition order by createtime desc limit $start,$pagesize";
94.         $newsresults=mysqli_query($conn,$sql) or die("执行命令失败2");
95.         while($row=mysqli_fetch_assoc($newsresults)){
96.     ?>
97.
98.     <div class="col-md-4 mb30">
```

```
99.                <div class="productbox">
100.                    <a href="show01.php?id=<?=$row['id']?>" >
101.                        <img class="img-
responsive" src="<?=$row['image']?>" alt="<?=$row['name']?>" style="height:200px;"
>
102.                        <div class="overlay">
103.                            <h2><?=$row['name']?></h2>
104.                                <p>
105.                                成分: <?=$row['chengfen']?> <br/>
106.                                密度: <?=$row['midu']?> <br/>
107.                                门幅: <?=$row['menfu']?><br/>
108.                                价格: <?=number_format($row['price'],2)?>元/米
109.                                </p>
110.                        </div>
111.                        </a>
112.                    <?php
113.
                        if($row['istop']==1){echo '<div class="istop"></div>';}
114.
                        if($row['hits']>100){echo '<div class="hot"></div>';}
115.                    ?>
116.                </div>
117.                </div>
118.        <?php } ?>
119.
120.    </div>
```

这里重点解读上述代码中的第 76 行代码。检索全部产品和检索类别编号为 4 的产品命令分别如下:

全部产品: select * from product

类别编号为 4 的产品: select * from product where cid=4

为了提高代码的重用性,首先在检索全部产品时添加一个恒成立的条件,如果有新条件追加,只需要在后面添加 "and 新条件表达式" 即可,修改后的代码如下,但执行结果与之前完全相同。

全部产品: select * from product where 1=1

类别编号为 4 的产品: select * from product where 1=1 and cid=4

8.1.2　产品分页

完成上述代码后,单击导航条测试效果,可以发现已经实现按类查询,但是未实现分页效果。另外,考虑到某个类别下有可能暂时还没有产品,在调用分页函数前需要进行判断,有记录则调用分页函数进行分页,无记录则显示 "没有找到你想要的数据" 提示信息。产品分页代码如下:

```
120.    </div>
121.
```

```
122.              <?php
123.                  if($Count==0){
124.                      echo '<div class="row" style="text-align:center; margin-
top:100px;"><img src="images/no-item.png"/><br/>没有找到你想要的数据</div>';
125.                  }else{
126.                      echo '<div class="paging">';
127.                      echo '<ul class="pagination">';
128.                          pagelist($maxpage,$page,5);
129.                      echo '</ul>';
130.                      echo '</div>';
131.                  }
132.              ?>
133.          </div>
134.      </div>
135.  </div>
136.  <!-- ##########主体（end）########## -->
137.
138.  <?php
139.      include "inc/footer.php";
140.  ?>
```

完成上面的代码后，单击页面导航条进行测试可以发现程序能够满足要求，但是如果单击左侧的类别列表，可以发现类别列表效果并未实现。可以考虑将产品列表作为包含文件，请读者尝试完成该任务。

左侧产品类别列表参考代码如下，可将其作为包含文件"proside.php"存储在"inc"中。

```
27.<div class="col-md-3">
28.    <div class="model-title theme">
29.    产品展示
30.    </div>
31.    <div class="model-list">
32.      <ul class="list-group">
33.        <?php
34.        $sql="select * from productclass order by sort";
35.        $results=mysqli_query($conn,$sql) or die("错误");
36.        while($row=mysqli_fetch_assoc($results)){
37.            echo '<li class="list-group-item"';
38.            if($cid==$row['id']){echo ' style="background:#ccc;"';}
39.            echo '>';
40.            echo '<a href="products.php?cid='.$row['id'].'">'.
$row['classname'].'</a>';
41.            echo '</li>';
42.        }
43.        ?>
44.      </ul>
45.    </div>
46.</div>
```

8.2 巩固练习

1．完成启航网站产品列表页。

2．参考教材，完成拓展网站产品列表页。

3．完成产品列表页左侧的产品类别动态显示，并将其作为包含文件，用于其他页面，如产品详情页。

4．完成新闻列表页和新闻内容页左侧的新闻类别列表。

8.3 产品搜索

网站首页有产品搜索和产品类别展示功能，如图 8.2 所示。

图 8.2　首页产品搜索与产品分类

8.3.1 首页产品搜索代码

图 8.2 中上半部分的产品分类实现较为简单，如下文代码第 109～119 行所示，将产品类别信息从 productclass 表中检索出来并按 sort 升序排序，使用 bg 加变量 i 为每个产品分类设置不同的背景颜色，转换为静态代码是 bg1~bg10，这些样式已经在 css 中定义。

```
97.<!-- 产品搜索 -->
98.<div class="col-md-4">
99.  <span class="part1">
100.       <a href="#" >产品搜索</a>
101.  </span>
102.  <span class="part1 en">
103.          / Search
104.  </span>
105.  <div class="line1">
106.       <div class="line2 theme"></div>
107.  </div>
108.  <div>
109.     <ul class="list-unstyled procurement-li classlist ">
110.        <?php
111.          $sql="select * from productclass order by sort";
```

```
112.            $results=mysqli_query($conn,$sql) or die("错误");
113.            $i=1;
114.            while($row=mysqli_fetch_assoc($results)){
115.                echo '<li class="bg'.$i.'">';
116.                echo '<a href="products.php?cid='.$row['id'].'">'.
$row['classname'].'</a>';
117.                echo '</li>';
118.                $i++;
119.            }
120.            ?>
121.        </ul>
122.    </div>
```

图 8.2 下半部分的产品搜索使用表单实现，注意下文代码中第 125 行画线部分。action 用于设置数据处理程序，即接收表单数据的页面，一般是一个 PHP 文件，这里是 products.php；method 用于设置数据提交方式，有两种提交方法：post 方法和 get 方法。数据量较大时一般采用 post 方法，使相对于 get 方法，post 提交的数据安全性较高；而在表单数据量较小时，一般采用 get 方法，使用这种方法提交的数据会在浏览器的地址栏中以查询字符串的方式出现搜索的关键字，如 "http://www.qihang.com/products.php?cid=2&wd=棉"，安全性较差。项目中综合考虑到分页从查询字符串中获得值，采用 "$_GET['属性名']" 来获得值，因此采用 get 方法提交表单数据。搜索表单代码如下：

```
123.    <div style="clear:both;"></div>
124.    <div style="margin-bottom:10px;">产品检索</div>
125.    <form action="products.php" method="get">
126.        <div style="margin-bottom:10px;">
127.            <div class="input-group">
128.                <select class="form-control"  name="cid" >
129.                    <option value="" selected="selected">选择产品类别</option>
130.                    <?php
131.                    $results=mysqli_query($conn,$sql);
132.                    while($row=mysqli_fetch_assoc($results)){
133.                        echo '<option value="'.$row['id'].'">'.
$row['classname'].'</option>';
134.                    }
135.                    ?>
136.                </select>
137.            </div>
138.        </div>
139.
140.            <div class="input-group">
141.                <input type="text" class="form-control" placeholder="输入名
称关键词..." name="wd">
142.                <span class="input-group-btn">
143.                    <button class="btn btn-default" type="submit">搜索
</button>
144.                    <!-- 按钮(button 无功能 submit 提交 reset 重置)-->
145.                </span>
146.            </div>
```

```
147.    </form>
```
因为上文代码中的产品类别读取与搜索框前面的产品类别获取方法一致，所以不再重复编写 sql 命令，第 131 行直接执行前面第 111 行的 sql 命令。

8.3.2 处理表单代码

网页搜索有精确查找和模糊查询两种情况，一般使用模糊查询，查询结果显示界面与产品列表界面的格式相同，因此表单 action 值设置为 products.php，项目设计的搜索功能允许同时输入多个关键词进行模糊查询。

MySQL 提供标准的 SQL 模糊查询（like)，以及一种基于扩展正则表达式的模糊查询 (regexp)。如果想使用一个字段模糊查询出多个值，命令通常写作如下格式：

```
select * from table where name like '%tom%' or name like '%jerry%' ....or ...;
```
但是这种写法只能对应少量的模糊查询值，查询值过多会导致出现非常复杂的 sql 语句拼接，且效率较低。这时我们可以采用正则表达式进行匹配，简单高效，而且能够查找 name 中含有 tom 或 jerry 的记录，语法如下。

```
select * from table where name regexp 'tom|jerry|...';
```
查找 products.php 页面代码，在 8.1.1 产品列表初步实现按类检索中第 84 行 sql 命令之前，修改下文所示的代码。其中第 56 行代码，数据表中产品记录较少，为了测试搜索结果的分页功能，将每页显示记录条数改为 3；第 65 行代码用于获取用户输入的关键词，并使用 trim()函数删除字符串左右两侧的空格；第 66～72 行代码用于判断是否有关键词输入，如果有，将多个关键词之间的空格使用“|”替换，并改变查询条件字符串，使用正则表达式模糊查询产品。修改后的搜索功能代码如下：

```
53.<div class="row">
54.    <?php
55.        $page=intval(@$_GET['page']);//获取当前页次
56.        $pagesize=3;//设置每页显示的记录条数
57.        $condition=" where 1=1 ";//恒成立的条件表达式，不影响执行结果
58.        //分类查询
59.        if($cid==0){
60.            $condition.="";
61.        }else{
62.            $condition.=" and cid=$cid";
63.        }
64.        //模糊查询
65.        $wd=trim(@$_GET['wd']);//trim()用于删除字符串左右两侧的空格
66.        if($wd==""){
67.            $condition.="";
68.        }else{
69.            //用"|"替换不同关键词中间的空格
70.            $wds= str_replace(' ', "|", $wd);
71.            $condition.=" and name regexp '".$wds."'";
72.        }
73.
74.        $sql="select id from product $condition";
```
在首页输入多个关键词进行查询，并仔细验证，可以发现代码仍然存在 bug。在设置每页

显示 6 条记录时，按照如图 8.3 所示的条件搜索产品，即模糊查询名称中包含有"人棉"或"几何"字样的印花面料，可以得到如图 8.4 所示 6 条结果，符合预期。当设置每页显示 3 条记录时，按照相同条件搜索，得到如图 8.5 所示结果。如果单击底部分页页码的第 2 页，应该显示图 8.4 所示的后面 3 个产品，但是实际结果如图 8.6 所示，内容和分页链接都出现偏差，请读者思考原因（提示：注意观察这两个页面的地址栏内容）。

图 8.3　搜索条件

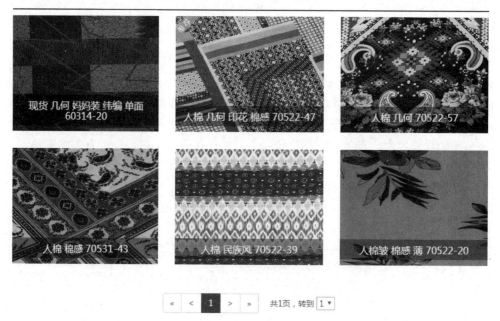

图 8.4　每页显示 6 条记录时的结果

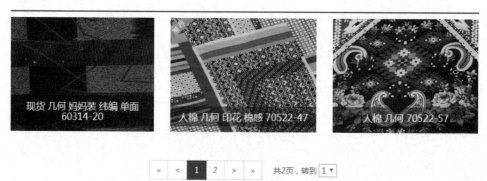

图 8.5　每页显示 3 条记录时的第 1 页结果

全部产品

« < 1 **2** 3 4 > »　　共4页，转到 2 ▾

图 8.6　每页显示 3 条记录时的第 2 页结果

　　搜索结果第 1 页地址为"http://www.qihang.com/products.php?cid=2&wd=人棉+几何"，第 2 页地址为"http://www.qihang.com/products.php?page=2"，经过对比可以发现第 2 页显示结果包含所有产品类别，查询条件已经丢失！将查询条件放到地址栏查询字符串中是否可以解决？直接在地址栏输入"http://www.qihang.com/products.php?cid=2&wd=人棉+几何&page=2"，经测试，得到如图 8.7 所示结果，正是图 8.4 中显示的后面 3 个产品。

印花面料

« < 1 **2** > »　　共2页，转到 2 ▾

图 8.7　输入地址后的测试结果

　　在包含文件 funtions.php 中修改分页链接代码，增加一个参数$param 作为查询因子，在原代码所有"?page"的问号后 page 前添加"'.$param.'"（不含双引号），注意不要遗漏（共有 6 处需要添加）。修改后的分页链接代码如下：

```
27./**
28.* pagelist 分页链接函数
29.* @param $maxpage int 总页数
30.* @param $page int 当前页次
31.* @param $num int 页码显示长度
32.* @param $param string 备用参数（主要用于搜索功能）
33.* @return  string
34.33.  *
35.34.  */
36.function pagelist($maxpage,$page,$num,$param){
37.    $page_num=$num;//设置页码显示数量，考虑对称美，用奇数
```

```
38.    $pageoffset=($page_num-1)/2;//设置页码偏移量
39.    //设置页码的起始位置和结束位置
40.    if($page_num>=$maxpage){
41.        $pgstart=1;
42.        $pgend=$maxpage;
43.    }elseif(($page-$pageoffset-1+$page_num)>$maxpage){
44.        $pgstart=$maxpage-$page_num+1;
45.        $pgend=$maxpage;
46.    }else{
47.        $pgstart=(($page<=$pageoffset)?1:($page-$pageoffset));
48.        $pgend=(($pgstart==1)?$page_num:($pgstart+$page_num-1));
49.    }
50.    //输出首页链接
51.    echo '<li><a href="?'.$param.'page=1" title="首页">«</a></li>';
52.    //输出上一页链接
53.    if($page<=1){
54.        echo '<li><a href="javascript:vido();"><</a></li>';
55.    }else{
56.        echo '<li><a href="?'.$param.'page='.($page-1).'" title="上一页
">«</a></li>';
57.    }
```

返回 products.php 页面，分别为分类查询和模糊查询代码块添加搜索查询字符串，修改后的代码如下，彻底完善产品搜索功能。

```
58.//分类查询
59.        if($cid==0){
60.            $condition.="";
61.            $param="";
62.        }else{
63.            $condition.=" and cid=$cid";
64.            $param="cid=$cid&";
65.        }
66.        //模糊查询
67.        $wd=trim(@$_GET['wd']);//trim()用于删除字符串左右两侧的空格
68.        if($wd==""){
69.            $condition.="";
70.            $param.="";
71.        }else{
72.            //用"|"替换不同关键词中间的空格
73.            $wds= str_replace(' ', "|", $wd);
74.            $condition.=" and name regexp '".$wds."'";
75.            $param.="wd=$wd&";
76.        }
```

在测试前，必须修改分页链接调用函数，因为参数已经变成了 4 个，增加第 4 个参数 $param。调用新的分页链接函数代码如下：

```
116.    <?php
117.    if($count==0){
118.        echo '<div class="row" style="text-align:center; margin-
top:100px;"><img src="images/no-item.png"/><br/>没有找到你想要的数据</div>';
```

```
119.    }else{
120.        echo '<div class="paging">';
121.        echo '<ul class="pagination">';
122.                pagelist($maxpage,$page,5,$param);
123.        echo '</ul>';
124.        echo '</div>';
125.    }
126.    ?>
```

至此，产品搜索功能已经完成。由于修改了分页链接功能函数，因此原来涉及分页的代码均需要进行修改，保持参数数量的一致性。一般情况下，搜索产品时会用到第 4 个参数$param，否则可以将$param 赋值为空。

修改涉及分页的纺织动态页面，在 newscenter.php 中增加$param 参数，纺织动态$param参数设置代码如下：

```
1.  <div class="model-details" style="padding:0 20px;">
2.      <?php
3.          $param="";
4.          $page=intval(@$_GET['page']);//获取当前页次
5.          $pagesize=3;//设置每页显示的记录条数
6.          $sql="select id from news";//用于计算总记录数
```

纺织动态分页调用代码如下：

```
73. <div class="paging">
74.     <ul class="pagination">
75.         <?php
76.                 pagelist($maxpage,$page,5,$param);
77.         ?>
78.     </ul>
79.     </div>
```

测试纺织动态页面，发现显示效果被破坏，是由于样式冲突导致的，删除 header.php 页中的 "index.css" 样式调用，即剪切 "<link href="css/index.css" rel="stylesheet">"，即可恢复纺织动态页面的显示效果。但首页样式又被破坏，解决方法是将剪切的样式复制到 index.php 中，在 index.php 中调用 index.css 后的代码如下所示，所有页面显示恢复正常！

```
1.  <?php include "inc/conn.php";?>
2.  <?php $title="网站首页";?>
3.  <?php include "inc/header.php";?>
4.
5.  <!-- 广告轮播 -->
6.  <link href="css/index.css" rel="stylesheet">
7.  <div id="ad-carousel" class="carousel slide" data-ride="carousel">
```

8.4　巩固练习

1. 完成启航网站的产品搜索功能。
2. 参考教材，完成拓展网站的产品搜索功能。
3. 修改启航网站纺织动态代码，使其正常显示内容，且分页正常。
4. 修改头部包含文件 header.php 及首页，保证首页和纺织动态页效果正常。

第 9 章 用户中心

要实现启航网站的购物车功能，首先需要实现用户注册登录等用户中心功能。开始编写代码前，先运行模板中用户中心的各个静态页面，观察页面效果，会发现“用户登录”和“用户注册”页面顶部显示的内容与“个人信息”“购物车”“收货地址”“我的订单”页面顶部显示的内容不同，分别如图 9.1 和图 9.2 所示。

登录 | 注册 | 用户中心
加入收藏
联系电话：400 0000 001

图 9.1 “用户登录”和“用户注册”页面顶部

欢迎 张三 回到启航 退出 | 注册 | 用户中心
加入收藏
联系电话：400 0000 001

图 9.2 “个人信息”“购物车”“收货地址”“我的订单”页面顶部

9.1 用户注册登录

在产品详情页面单击“加入购物车”按钮可以判断用户是否已经登录，未登录则会自动跳转到用户登录页面，如图 9.3 所示。

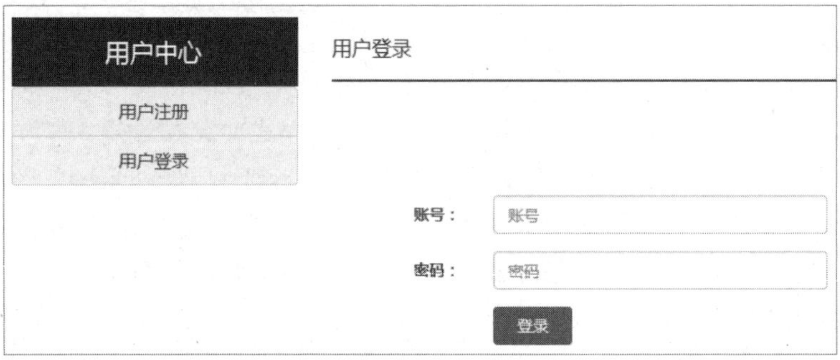
用户中心
用户注册
用户登录
用户登录
账号：
账号
密码：
密码
登录

图 9.3 用户登录页面

从 login.html 文件中得到 login.php，制作包含文件。需要注意的是，login.html 的头部代码与前面完成的页面头部 header.php 略有区别，如下文第 28 行代码，头部仍然包含 header.php，暂时不需要处理，只需要注意该文件有待完善，以满足不同页面的需求。用户中心头部文件的不同之处具体如下：

```
27. <div class="col-md-3">
28.     <a href="login.php">登录</a>  |  <a href="reg.php">注册
</a>  |   <a href="userinfo.php">用户中心</a>
29.     </div>
```

只有注册的用户才可以登录，单击“用户注册”按钮进入注册界面，如图 9.4 所示，完成 reg.php 页面基础操作，reg.html 的第 28 行代码与 login.html 的第 28 行相同。

图 9.4　用户注册页面

9.1.1　用户注册

完成用户注册 reg.php 页面包含文件后，将左侧"用户中心"列表超链接地址都改为 php 页面，表单数据处理页面为 useraction.php，数据提交方法为 post，reg.php 需要修改的代码如下文画线处所示，表单内其余代码与 reg.html 一致。

```
18.<div class="model-list">
19.        <ul class="list-group">
20.                <li class="list-group-item">
21.                <a href="editpass.php">修改密码</a>
22.        </li>
23.        <li class="list-group-item">
24.                <a href="userinfo.php">个人信息</a>
25.        </li>
26.        <li class="list-group-item">
27.                <a href="cart.php">购物车</a>
28.        </li>
29.        <li class="list-group-item">
30.                <a href="addr.php">收货地址</a>
31.        </li>
32.        <li class="list-group-item">
33.                <a href="orderlist.php">我的订单</a>
34.        </li>
35.        </ul>
36.    </div>
37.</div>
38.<div class="col-md-9">
39.    <div class="model-details-title">
40.        个人信息
41.    </div>
42.    <div class="model-details">
43.        <form class="form-horizontal" action="useraction.php" method="post">
44.                <div class="form-group" style="margin-top:100px;">
```

```
45.                    <label for="username" class="col-sm-2 control-label">账号:
</label>
46.                    <div class="col-sm-10">
47.                      <input type="text" class="form-
control" id="username" placeholder="账号" name="username">
48.                    </div>
```

为了减少网页数量，在 useraction.php 页面完成用户注册和用户登录以及退出登录功能，通过传递不同的值来判断要执行的具体操作，下面代码第 4 行在注册页面 reg.php 表单"立即注册"按钮后面添加了一个隐藏控件"act"，其值为"reg"，只要通过执行$_REQUEST['act']或$_POST['act']命令即可得到 act 控件的值 reg，表示该表单为注册功能。注册表单的隐藏控件代码如下：

```
1. <div class="form-group">
2.        <div class="col-sm-offset-2 col-sm-10">
3.          <button type="submit" class="btn btn-danger">立即注册</button>
4.          <input type="hidden" name="act" value="reg">
5.        </div>
6.      </div>
7.    </form>
```

获得表单数据一般有三种方法，如果表单 method 为 post，可以通过执行$_POST['控件名']命令获得表单控件的值；如果表单 method 为 get，可以通过执行$_GET['控件名']命令获得表单控件的值，另外，执行$_GET['属性名']命令还可以获得查询字符串的值，前面的分页和搜索功能已经使用过；执行$_REQUEST['控件名']命令无须考虑表单 method，即无论采用什么方法提交表单，均可以通过$_REQUEST 获得值。以上三个方法必须都是大写。

用户注册过程分析如下：

1. 获得用户账号、密码等信息；
2. 在用户注册时进行必要的数据有效性判断；
3. 在 user 数据表中写入一条用户记录。

新建"useraction.php"，首先包含数据库连接文件，再编写 switch 语句结构，完成注册功能，获取表单数据与有效性判断代码如下：

```
1. <?php       include "inc/conn.php";?>
2. <?php
3. //$_REQUEST['控件名称'] 既可以获取表单数据（无论是post还是get提交），也可以获取查询字符串的值
4. $act=$_REQUEST['act'];//注册 reg 登录 login 退出 logout
5. switch ($act) {
6.     case 'reg':
7.         // 1.获得用户账号、密码等信息
8.         $username=$_POST['username'];//取得账号并存储在变量中
9.         $password=$_POST['password'];
10.        $repassword=$_POST['repassword'];
11.        $nickname=$_POST['nickname'];
12.        //数据有效性验证
13.        if($username==""){
14.            echo "<script>alert('账号不能为空');history.go(-1);</script>";
15.            die();
```

```
16.        }
17.        if($password==""){
18.            echo "<script>alert('密码不能为空');history.go(-1);</script>";
19.            die();
20.        }
21.        if($repassword==""){
22.            echo "<script>alert('确认密码不能为空');history.go(-1);</script>";
23.            die();
24.        }
25.        if($nickname==""){
26.            echo "<script>alert('昵称不能为空');history.go(-1);</script>";
27.            die();
28.        }
29.        if($password!=$repassword){
30.            echo "<script>alert('两次密码不一致');history.go(-1);</script>";
31.            die();
32.        }
```

接下来对用户注册的账号进行查重,无冲突即可写入数据表,代码如下所示,其中第 54~57
行表示用户注册成功后会自动跳转到用户登录页面。验证账号重名及写入数据表的代码如下:

```
33. //验证账号重名
34. $sql="select id from user where username='".$username."'";
35. $results=mysqli_query($conn,$sql) or die("执行命令失败1");
36. if(mysqli_num_rows($results)>0){
37.     echo "<script>alert('该账号已被注册,请重新输入');history.go(-1);</script>";
38.     die();
39. }
40. $header="/images/default.jpg";
41. $regtime=time();
42. $addr=0;
43. $password=md5($password);
44. //2、写信息到 user 数据表
45. $sql="insert into user(username,password,nickname,header,regtime,addr)
values(";
46. $sql.="'".$username."',";
47. $sql.="'".$password."',";
48. $sql.="'".$nickname."',";
49. $sql.="'".$header."',";
50. $sql.="$regtime,";
51. $sql.="$addr";
52. $sql.=")";
53. $results=mysqli_query($conn,$sql) or die("执行命令失败2");
54. if($results){
55.     echo "<script>alert('注册成功! ');location.href='login.php';</script>";
56.     die();
57. }
58. break;
```

9.1.2　用户登录

用户登录 log.php 页面完成包含文件后，将左侧"用户中心"列表超链接地址都修改为 php 页面，表单数据处理页面为 useraction.php，数据提交方法为 post，"登录"按钮后的隐藏控件 act 的值为登录"login"，表单内其余代码与 login.html 一致。

用户登录过程分析如下：

1. 获得用户输入的账号、密码；
2. 在用户登录时进行必要的数据有效性判断；
3. 检查账号在 user 数据表中是否存在，存在则判断密码正确性；
4. 用户信息存入 session，用于判断用户登录状态。

返回"useraction.php"页面，在 switch 中加入一个 case 判断，如下所示，当"act"值为 "login"时，获取登录的账号密码，并进行数据有效性判断。useraction.php 获取信息并验证有效性的代码如下：

```
60. //登录程序
61. ase 'login':
62. //获取登录的账号、密码
63. $username=$_POST['username'];
64. $password=$_POST['password'];
65.
66. //判断数据有效性
67. if($username==""){
68.     echo "<script>alert('账号不能为空');history.go(-1);</script>";
69.     die();
70. }
71. if($password==""){
72.     echo "<script>alert('密码不能为空');history.go(-1);</script>";
73.     die();
74. }
```

下文代码用于检查用户账号的正确性，注意数据库的密码是加密过的，因此需要将表单获得的密码以相同方式加密后再进行比对，第 84 行进行 md5 加密。验证账号和密码的代码如下：

```
76. //验证账号是否存在
77.
   $sql="select password,logins,id,nickname from user where username='".$username."'";
78. $results=mysqli_query($conn,$sql) or die("执行命令失败1");
79. if(mysqli_num_rows($results)==0){
80.     echo "<script>alert('该账号不存在，请重新输入！');history.go(-1);</script>";
81.     die();
82. }
83. $row=mysqli_fetch_assoc($results);
84. $password=md5($password);//将用户输入的密码加密
85. //验证密码是否正确
86. if($password!=$row['password']){
```

```
87.        echo "<script>alert('输入密码有误,请重新输入! ');history.go(-1);</script>";
88.        die();
89.}
```

下文代码将有效的用户信息写入 session,并跳转到首页的代码如下:

```
90.//写入 session: 服务器 分配唯一的 ID
91.$_SESSION['nickname']=$row['nickname'];
92.$_SESSION['username']=$username;
93.$_SESSION['uid']=$row['id'];
94.
95.$sql="update user set logins=logins+1 where id=".$row['id'];
96.$results=mysqli_query($conn,$sql) or die("执行命令失败 2");
97.
98.//登录成功,并给出登录凭证
99.echo "<script>alert('登录成功,正在跳转!
');location.href='index.php';</script>";
100.    break;
```

9.1.3 用户退出

用户退出登录功能比较简单,只需要将存储的 session 信息删除即可。在 switch 中再添加一个 case 块,用于处理用户退出登录,代码如下:

```
103.    //退出登录
104.        case 'logout':
105.            unset($_SESSION['uid']);
106.            unset($_SESSION['nickname']);
107.            unset($_SESSION['username']);
108.            echo "<script>alert('退出成功,正在跳转!
');location.href='login.php';</script>";
109.            break;
110.        }
111.    ?>
```

我们根据传递的参数不同(reg、login 和 logout),使用一个页面 useraction.php 实现了注册、登录和退出功能。

9.2 会话 session

PHP 的 session 变量用于存储用户会话的相关信息,如用户名等,且 session 变量保存的信息是单一用户的,方便应用程序中的所有页面使用。

session 的实际应用十分广泛,如用户在购物平台查看购物车、账户信息、收藏信息等页面需要登录验证身份,但在实际使用过程中,只需登录一次即可查看其他页面信息。session 的作用是将用户账号等信息存储起来,只要访问不超时(如果 20 分钟没有进行操作,就会超时自动删除保存的 session 信息),即可访问其他需要登录验证的页面。

session 信息存储在服务器上以便使用,存储的会话信息是临时的,在用户离开网站或超时后将被删除。session 的工作机制是:为每个访问者创建一个唯一的 id(UID),并基于这个 UID 来存储变量。

9.2.1　启动 session

session 必须先使用 session_start()函数启动，作用是向服务器注册用户的会话，以便开始保存用户信息，同时会为用户会话分配一个 UID。启动 session 必须位于<html>标签之前，代码如下：

```
<?php session_start(); ?>
<html>
    <body>
    </body>
</html>
```

9.2.2　session 变量的存储与读取

使用$_SESSION['变量名']存储和读取 session 变量，代码如下：

```
<?php
session_start();                    // 启动 Session
$_SESSION['name']= "张三";          // 存储 Session
?>
<html>
<body>
<?php
echo "欢迎". $_SESSION['name']. "访问本站！";      //读取 session
?>
</body>
</html>
```

9.2.3　删除 session

前面介绍过，在用户离开网站或超时后将自动删除已存储的 session 信息，如果希望手动删除某些 session 数据，可以通过 unset()或 session_destroy()函数实现。

unset()函数用于释放指定的 session 变量，如下面的代码只删除 session 中的用户名 name：

```
<?php    unset($_SESSION['name']);      ?>
```

session_destroy()函数用于删除所有已存储的 session 数据：

```
<?php    session_destroy();        ?>
```

回顾 9.1.2 节中写入 session 的代码，session 存储了登录用户的昵称、账号和用户编号，session 生效的前提条件是必须在"<html>"标签前启动，由于其他页面首先调用的是 conn 文件，因此我们在 conn.php 中添加下画线的第 18 行启动 session 能够满足在"<html>"标签前启动的要求。在 conn.php 中添加启动 session 的代码如下。

```
1. <?php
2. header("Content-type:text/html;charset=utf-8");
3. //设置字符集
4. date_default_timezone_set("PRC");
5. define("HOST","localhost");
6. define("USER","root");
```

```
7.  define("PASS","root");
8.  define("DB","qihangdb");//设置数据库
9.  $conn=mysqli_connect(HOST,USER,PASS,DB) or die("不能连接到数据库:
".mysqli_connect_error());//打开 MySQL 连接
10. /*$conn=mysqli_connect(HOST,USER,PASS,DB);
11. if(!$conn){
12.   die("数据库连接失败: ".mysqli_connect_error());
13. }else{
14.     echo "数据库连接成功! ";
15. }*/
16.
17. mysqli_query($conn,"set names utf8");//设置数据库返回数据字符集
18. @session_start();//启动 session
19. ?>
20. <?php include 'functions.php';?>
```

9.2.4　判断用户登录状态

session 可以方便地判断用户登录状态，如本项目中，会将登录成功的用户账号、昵称和用户编号同时存入 session，因此只要判断其中任一信息是否存在，存在则表示用户已登录，反之表示未登录。网页头部如图 9.1 和图 9.2 所示的显示效果也能够轻松实现。这两个图片中的效果对应的头部代码第 28 行与其他头部代码有所不同，因此找到 header.php 相应位置进行修改，如下文所示。通过 isset() 函数检测是否已设置 $_SESSION['uid']，从而判断用户登录状态，如果用户已经登录，显示如图 9.2 所示效果，其中第 30 行代码画线部分，给出退出链接对应的地址及要进行的操作是退出 logout，与前面已完成的 useraction.php 代码对应；如果用户未登录，显示图 9.1 所示效果，提供注册、登录功能。判断用户登录状态代码如下：

```
27. <div class="col-md-3">
28.         <?php
29.         if(isset($_SESSION['uid'])){
30.             echo "欢迎 <b class='red'>".@$_SESSION['nickname']."</b> 回到启
航 <a href='useraction.php?act=logout'>退出</a>";
31.         }else{
32.             echo '<a href="login.php">登录</a>';
33.         }
34.         ?>
35.          | <a href="reg.php">注册</a>   |   <a href="userinfo.php">用户中心
</a>
36.     </div>
```

9.3　购物车

通过产品详情页的"加入购物车"按钮或用户中心进入购物车页面，通过模板 cart.html 生成 cart.php 页面，另外新建一个页面 member.php，用于处理登录用户在用户中心的操作，包括修改密码、查看个人信息、查看购物车、编辑收货地址、查看我的订单，这些页面都需要验

证用户是否登录。新建一个包含文件 check.php，代码如下所示，用于检验用户是否登录，方便上述页面调用。check 页面代码如下：

```
1.  <?php
2.  if(!isset($_SESSION['uid'])){
3.      echo "<script>alert('您未登录或已经超时，请先登录
');location.href='login.php';</script>";
4.      die();
5.  }
6.  ?>
```

9.3.1 产品详情修改

购物车中的数据来自产品详情页 show.php，将表单 action 设置为"member.php?act=addcart"，注意该表单传递的数据包括第 83 行中的购买数量，以及第 88～91 行的隐藏内容，修改后的产品详情表单部分代码如下：

```
80. <form action="member.php?act=addcart" method="post">
81.         <div >
82.             <span class="jian"></span>
83.             <input type="text" name="num" class="num" value="1" >
84.             <span class="jia"></span>
85.         </div>
86.         <div style="clear:both;padding-top:15px;margin-bottom:30px;">
87.             <button type="submit" class="btn btn-danger">加入购物车
</button>
88.
            <input type="hidden" name="sid" value="<?=$rowdetail['id']?>">

89.
            <input type="hidden" name="name" value="<?=$rowdetail['name']?>">
90.
            <input type="hidden" name="price" value="<?=$rowdetail['price']?>">
91.
            <input type="hidden" name="image" value="<?=$rowdetail['image']?>">
92.         </div>
93.     </form>
```

除此之外，页面上的产品数量可以通过"+""-"按钮修改，该功能由 jQuery 代码实现，可以将下面的代码放至 show.php 的末尾。

```
123.    <script>
124.    $(function(){
125.        $('.jia').click(function(){
126.            var num=$('.num').val();
127.            num++;
128.            $('.num').val(num);
129.        })
```

```
130.        $('.jian').click(function(){
131.            var num=$('.num').val();
132.            if(num>1) num--;
133.            $('.num').val(num);
134.        })
135.        $('.num').change(function(){
136.
             if (isNaN(parseFloat($(this).val())) || parseFloat($(this).val()) <=
0) $(this).val(1);
137.        })
138.    })
139.    </script>
```

9.3.2 数据处理——加入购物车

用户单击"加入购物车"按钮时，member.php 会首先判断用户是否登录，登录则获取产品信息并添加到购物车，否则跳转到用户登录页面。然后根据传递过来 act 的值具体判断进行什么操作，逐一添加 case 语句块。member.php 与 useraction.php 的编程思路和代码结构类似，只是增加了一个判断用户是否登录的验证环节。member.php 结构如下。

```
1. <?php    include "inc/conn.php";?>
2. <?php    include "inc/check.php";?>
3. <?php
4. //获得具体操作功能
5. $act=$_REQUEST['act'];
6. switch ($act) {
7.
8. }
```

把产品添加到购物车的思路分析如下：

1. 获得需要加入购物车的信息；
2. 判断购物车中是否存在该商品；
3. 把数据添加到 cart 数据表。

实现将产品添加至购物车功能的代码如下，第 17 行代码用于判断该用户的购物车中是否存在该商品，如果存在，则在原始数量上增加；如果不存在，则添加新的产品到 cart 数据表中。

```
7. //加入购物车
8. case 'addcart':
9. //获取需要加入购物车的数据
10.$sid=$_POST['sid'];//产品编号
11.$num=$_POST['num'];//产品数量
12.$uid=$_SESSION['uid'];//购买用户的编号
13.$name=$_POST['name'];//产品名称
14.$price=$_POST['price'];//产品单价
15.$image=$_POST['image'];//产品图片
16.//先验证购物车中是否存在该商品
17.$sql="select id from cart where sid=".$sid." and uid=".$_SESSION['uid'];
```

```
18. $results=mysqli_query($conn,$sql) or die("执行命令失败1");
19. if(mysqli_num_rows($results)>0){
20.     //存在商品则在原来数量上增加
21.
        $sql="update cart set num=num+$num  where sid=".$sid." and uid=".$_SESSION
['uid'];
22.     mysqli_query($conn,$sql) or die("执行命令失败2");
23.     echo "<script>alert('加入购物车成功，正在跳转!
');location.href='cart01.php';</script>";
24. }else{
25.     //添加新产品数据到cart数据表
26.     $sql="insert into cart(sid,num,uid,price,name,image) values(";
27.     $sql.=" $sid,$num,$uid,$price,";
28.     $sql.="'".$name."',";
29.     $sql.="'".$image."'";
30.     $sql.=")";
31.     $results=mysqli_query($conn,$sql) or die("执行命令失败3");
32.     echo "<script>alert('加入购物车成功，正在跳转!
');location.href='cart.php';</script>";
33. }
34. break;
```

9.3.3 购物车页面设计

在购物车 cart.php 头部添加包含文件 check.php，代码如下：

```
1. <?php    include "inc/conn.php";?>
2. <?php    include "inc/check.php";?>
3. <?php $Title="购物车";?>
4. <?php    include "inc/header.php";?>
5.
6. <!-- #########主体######### -->
7. <link rel="stylesheet" href="css/reset.css">
8. <link rel="stylesheet" href="css/carts.css">
```

数据检索与 cart 循环体部分代码如下：

```
49. <div class="order_content">
50.             <?php
51.             $sql="select * from cart where uid=".$_SESSION['uid'];
52.             $results=mysqli_query($conn,$sql) or die("执行命令失败1");
53.             while($row=mysqli_fetch_assoc($results)){
54.             ?>
55.             <ul class="order_lists">
56.                 <li class="list_chk">
57.
                        <input type="checkbox" id="checkbox_<?=$row['id']?>" clas
s="son_check" name="sid[]" value="<?=$row['sid']?>">
58.                 <label for="checkbox_<?=$row['id']?>"></label>
59.                 </li>
60.                 <li class="list_con">
```

```
61.                     <div class="list_img"><a href="javascript:;"><img src="<?
=$row['image']?>" alt=""></a></div>
62.                     <div class="list_text"><a href="show.php?id=<?=$row['sid'
]?>" target="_blank"><?=$row['name']?></a></div>
63.               </li>
64.               <li class="list_info">
65.                     <!--ajax-->
66.               </li>
67.               <li class="list_price">
68.                     <p class="price">￥<?=$row['price']?></p>
69.               </li>
70.               <li class="list_amount">
71.                     <div class="amount_box">
72.                         <a href="javascript:;" class="reduce resty">-</a>
73.                         <input type="text" value="<?=$row['num']?>" class="su
m" name="num<?=$row['sid']?>">
74.                         <a href="javascript:;" class="plus">+</a>
75.                     </div>
76.               </li>
77.               <li class="list_sum">
78.                     <p class="sum_price">
￥<?=($row['price']*$row['num'])?></p>
79.               </li>
80.               <li class="list_op">
81.                     <p class="del"><a href="javascript:if(confirm('确实要删除该
内容吗?'))location='member.php?act=delcart&id=<?=$row['id']?>'" >移除商品</a></p>
82.               </li>
83.          </ul>
84.          <?php } ?>
85.      </div>
```

购物车 cart.php 页面有"批量删除"和"移除（单个）商品"功能，将购物车的表单 action 设置为"member.php?act=alldel"，将移除商品的指向位置 location 设置为"member.php?act=delcart&id=<?=$row['id']?>"，再次把数据处理提交给 member.php 页面。

9.3.4 数据处理——删除单个产品

上文代码中的第 81 行代码已经将要删除产品的编号传递给处理页面，由于删除商品只能删除自己购物车中的商品，因此编写删除命令时，条件必须包括产品编号和用户编号，才能保证不会误删除。删除单个商品的代码如下：

```
59. // 删除单个商品
60. ase 'delcart':
61. $id=$_GET['id'];
62. $sql="delete from cart where id=".$id." and uid=".$_SESSION['uid'];
63. $results=mysqli_query($conn,$sql) or die("执行命令失败6");
```

```
64.echo "<script>alert('删除成功, 正在跳转!
');location.href='cart01.php';</script>";
65.break;
```

9.3.5　数据处理——批量删除选中产品

在效果如图 9.5 所示的购物车页面中，单击"批量删除"按钮前面的全选复选框，或勾选列表中产品前面的复选框，再单击"批量删除"按钮即可删除选中商品。若选中多个产品，第 69 行代码将得到一个数组，因此第 71 行代码使用 implode()函数将数组元素组合为字符串，并且使用半角","符号分隔元素。语法如下：

```
implode(separator,array)
```

其中参数 separator 为可选项，表示数组元素之间的分隔符，默认是""（空字符串）；另一个参数 array 为必选项，表示要组合为字符串的数组。因此$sids 成为包含多个产品 id 的字符串，且 id 之间使用半角逗号分隔。

图 9.5　购物车效果图

批量删除选中产品的代码如下：

```
67.//批量删除购物车内的商品
68.case 'alldel':
69.$sid=$_POST['sid'];
70.$uid=$_SESSION['uid'];
71.$sids=implode(",",$sid);//数组
72.$sql="delete from cart where uid=".$uid." and sid in($sids)";
73.$results=mysqli_query($conn,$sql) or die("执行命令失败 11");
74.echo "<script>alert('删除成功, 正在跳转!
');location.href='cart01.php';</script>";
75.break;
```

9.3.6　数据处理——生成订单

这里不再具体讲解用户中心的"修改密码""个人信息"和"收货地址"功能，请读者参考静态页面自行完成。

生成订单的思路分析如下：

1. 获取用户收货地址；
2. 获取添加至购物车中的产品信息并添加到订单列表 orderlist；
3. 删除已添加至购物车中的产品。

生成订单的代码如下：

```
77. //生成订单
78. case 'order':
79. //获取用户收货地址
80. $sid=$_POST['sid'];
81. $uid=$_SESSION['uid'];
82.
    $sql="select * from address where id=(select addr from user where id=".$uid.")";
83. $results=mysqli_query($conn,$sql) or die("执行命令失败 7");
84. $row=mysqli_fetch_assoc($results);
85. $address=$row['addr']."|".$row['realname']."|".$row['phone'];
86. $createtime=time();
87. $ordernum="8188".$createtime.rand(1000,9999);
88. //获取添加至购物车中的产品信息并添加到订单列表
89. foreach($sid as $id){
90.     $num=$_post['num'.$id];
91.     $sql="select name,price,image from product where id=$id";
92.     $results=mysqli_query($conn,$sql) or die("执行命令失败 8");
93.     $row=mysqli_fetch_assoc($results);
94.
    $sql="insert into orderlist(ordernum,name,image,address,sid,num,uid,price,createtime) values(";
95.     $sql.="'".$ordernum."',";
96.     $sql.="'".$row['name']."',";
97.     $sql.="'".$row['image']."',";
98.     $sql.="'".$address."',";
99.     $sql.="$id,$num,$uid,".$row['price'].",$createtime";
100.        $sql.=")";
101.        $results=mysqli_query($conn,$sql) or die("执行命令失败 9");
102.    }
103.    //删除已添加至购物车中的商品
104.    $sids=implode(",",$sid);//数组
105.    $sql="delete from cart where uid=".$uid." and sid in($sids)";
106.    $results=mysqli_query($conn,$sql) or die("执行命令失败 10");
107.    echo "<script>alert('订单成功，正在跳转!');location.href='orderlist.php';</script>";
108.    break;
```

上文中第 87 行代码用于生成 18 位随机订单号，该订单号由固定数字串 "8188"、当前时间戳 "time()" 和一个 1000-9999 的随机数组成，随机数函数 rand() 语法如下：

```
rand(min,max)
```

其中参数 min 为可选项，表示返回的最小数，默认为 0；参数 max 为可选项，表示返回的最大数。

9.4　订单

订单列表 orderlist.php 中可以显示该用户的所有订单信息，包括订单号、下单时间、订单状态及产品单价数量等信息，如图 9.6 所示。

图 9.6　我的订单效果图

订单列表的实现思路分析如下：

1．检索用户所有订单记录；

2．按订单号显示列表；

3．显示不同订单状态。

在 mysql 5.6 及以下版本中，我们可以直接使用下面的代码将订单分组：

```
36.<?php
37.
        $sql="select ordernum,createtime,status from orderlist where isdelete
= 0 and uid=".$_SESSION['uid']." group by ordernum order by createtime desc";
38.      $results2=mysqli_query($conn,$sql) or die("执行命令失败1");
39.      while($row2=mysqli_fetch_assoc($results2)){
40. ?>
```

但对于 mysql 5.7 及以上版本，在进行 group by 时，查询的所有列都包含在 group by 字段中，按照上面的写法，将会提示类似 "#1055 - Expression #2 of SELECT list is not in GROUP BY clause and contains nonaggregated column 'qihangdb.orderlist.createtime' which is not functionally dependent on columns in GROUP BY clause; this is incompatible with sql_mode=only_full_group_by" 的报错信息。为解决上述报错信息，可采用如下方案。

方案一：使用 ANY_VALUE()函数包括所有需要检索的信息，如下面的 sql 命令。

```
1. <?php
```

```
2.        select any_value(ordernum),any_value(createtime),any_value(status)
from orderlist where isdelete = 0 group by ordernum order by any_value(createtime)
desc
3.    ?>
```

方案二：临时取消 ONLY_FULL_GROUP_BY 模式。

在图 9.7 的命令行中输入以下命令，并执行命令，显示如图 9.8 所示结果，表示当前的 sql_mode 模式包含有"ONLY_FULL_GROUP_BY"，我们可以通过 set 命令修改 sql_mode 模式的值。

```
1. select @@global.sql_mode;
```

图 9.8　在 SQL 命令行输入 select 命令并执行

图 9.9　select 命令执行结果

在命令行中输入 set sql_mode="xxxx "，删除"ONLY_FULL_GROUP_BY"即可。

方案三：降低服务器数据库的版本。

这里采用方案一解决，首先根据效果图按需检索出订单记录，编写循环结构，订单循环体结构代码如下，为了调用方便，分别为需要检索的字段设置相应的别名。

```php
36.<?php
37.    $sql=" $sql="select any_value(ordernum) as ordernum,any_value(createtime)
as createtime,any_value(status) as status from orderlist where isdelete = 0 and
uid=".$_SESSION['uid']." group by ordernum order by  any_value(createtime ) desc";
38.    $results2=mysqli_query($conn,$sql) or die("执行命令失败1");
39.    while($row2=mysqli_fetch_assoc($results2)){
40.      ?>
41.     <div class="cartBox">
42.        <div class="shop_info">
43.           <div class="all_check">
```

```
44.                    <!--店铺全选-->
45.                </div>
46.                <div class="shop_name">
47.                    订单号：<?=$row2['ordernum']?>
48.                    订单时间：<?=date("Y-m-d h:i",$row2['createtime'])?>
49.                    订单状态：
50.                        <?php
51.                        switch ($row2['status']) {
52.                            case '0':
53.                                echo '<span class="red mr30">等待卖家发货</span>';
54.                                break;
55.
56.                            case '1':
57.                                echo '<span class="green mr30">已发货</span>';
58.                                echo '<a href="member.php?act=orderset&ordernum='
.$row2['ordernum'].'">确认收货</a>';
59.                                break;
60.                            case '2':
61.                                echo '<span class="gray mr30">已签收</span>';
62.                                break;
63.                        }
64.                        ?>
65.                </div>
66.            </div>
67.            <div class="order_content">
68.                <?php
69.                $sql="select * from orderlist where ordernum=
'".$row2['ordernum']."'";
70.                $results=mysqli_query($conn,$sql) or die("执行命令失败1");
71.                while($row=mysqli_fetch_assoc($results)){
72.                ?>
73.                <ul class="order_lists">
74.                    <li class="list_chk">
75.                    </li>
76.                    <li class="list_con">
77.                        <div class="list_img"><a href="javascript:;"><img src=
"<?=$row['image']?>" alt=""></a></div>
78.                        <div class="list_text"><a href="show.php?id=<?=
$row['sid']?>" target="_blank"><?=$row['name']?></a></div>
79.                    </li>
80.                    <li class="list_info">
81.                        <!--ajax-->
82.                    </li>
83.                    <li class="list_price">
84.                        <p class="price">￥<?=$row['price']?></p>
85.                    </li>
86.                    <li class="list_amount">
87.                        <div class="amount_box red">
88.                            <?=$row['num']?>
```

```
89.                        </div>
90.                    </li>
91.                    <li class="list_sum">
92.                        <p class="sum_price">
¥<?=($row['price']*$row['num'])?></p>
93.                    </li>
94.                    <li class="list_op">
95.                    </li>
96.                </ul>
97.                <?php } ?>
98.            </div>
99.        </div>
100.            <?php } ?>
```

在每个订单中，显示该订单的所有产品信息，订单列表中的产品循环体代码如下：

```
66.<div class="order_content">
67.                <?php
68.                $sql="select * from orderlist where ordernum=
'".$row2['ordernum']."'";
69.                $results=mysqli_query($conn,$sql) or die("执行命令失败1");
70.                while($row=mysqli_fetch_assoc($results)){
71.                ?>
72.                <ul class="order_lists">
73.                    <li class="list_chk">
74.
75.                    </li>
76.                    <li class="list_con">
77.                        <div class="list_img"><a href="javascript:;"><img src=
"<?=$row['image']?>" alt=""></a></div>
78.                        <div class="list_text"><a href="show.php?id=<?=
$row['sid']?>" target="_blank"><?=$row['name']?></a></div>
79.                    </li>
80.                    <li class="list_info">
81.                        <!--ajax-->
82.                    </li>
83.                    <li class="list_price">
84.                        <p class="price">¥<?=$row['price']?></p>
85.                    </li>
86.                    <li class="list_amount">
87.                        <div class="amount_box red">
88.                            <?=$row['num']?>
89.                        </div>
90.                    </li>
91.                    <li class="list_sum">
92.                        <p class="sum_price">
¥<?=($row['price']*$row['num'])?></p>
93.                    </li>
94.                    <li class="list_op">
95.
```

```
96.                         </li>
97.                     </ul>
98.                 <?php } ?>
99.             </div>
```

最后显示订单号、订单时间、订单状态等信息，订单状态信息代码如下：

```
46. <div class="shop_name">
47.                 订单号: <?=$row2['ordernum']?>
48.                 订单时间: <?=date("Y-m-d H:i",$row2['createtime'])?>
49.                 订单状态:
50.                 <?php
51.                 switch ($row2['status']) {
52.                     case '0':
53.                         echo '<span class="red mr30">等待卖家发货</span>';
54.                         break;
55.                     case '1':
56.                         echo '<span class="green mr30">已发货</span>';
57.                         echo '<a href="useraction2.php?act=
ordersett&ordernum='.$row2['ordernum'].'">确认收货</a>';
58.                         break;
59.                     case '2':
60.                         echo '<span class="gray mr30">已签收</span>';
61.                         break;
62.                 }
63.                 ?>
64. </div>
```

9.5　巩固练习

1. 完成启航网站用户中心的购物车、订单列表功能。
2. 参考教材，完成拓展网站用户中心的购物车、订单列表功能。
3. 参考视频完成启航网站用户中心的修改密码、个人信息、收货地址相关功能。
4. 完成启航网站订单状态设置功能。
5. 完成首页广告轮播效果。
6. 完成人力资源功能。
7. 完成友情链接功能。

第 4 篇　项目实战后台篇

第 10 章

面向对象开发

10.1　面向对象编程思想

PHP 不仅可以面向过程编程，也可以面向对象编程。面向过程专注于解决一个问题的过程，使用多个函数去解决处理这个问题的一系列过程是面向过程的特点。面向对象则专注于使用哪个对象来处理一个问题，是由一个个具有属性和功能的类实例化为对象，进而处理问题。相对而言，面向对象编程是面向过程编程的进阶，甚至还有高级的框架（如 ThinkPHP、Laravel 等）开发。同样以中国象棋游戏为例，使用面向对象的方法来解决，首先将整个中国象棋游戏分为三个对象：

1．红黑双方的行为是一致的；

2．棋盘系统，负责绘制画面；

3．规则系统，负责判定规则、输赢等。

然后为上述三个对象赋予各自的一些属性和行为：

第一个对象（红黑双方）负责接收用户输入，并告知第二个对象（棋盘系统）棋子布局的变化；

第二个对象（棋盘系统）接收到棋子的变化，负责在屏幕上绘制画面，并告知第三个对象（规则系统）棋子布局的变化；

第三个对象（规则系统）接收到棋局的变化，负责判断犯规、输赢等。

面向对象编程思想示意图如图 10.1 所示。

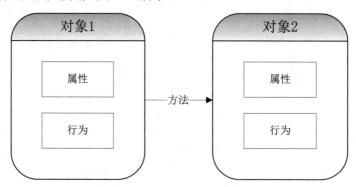

图 10.1　面向对象编程思想示意图

面向对象是指将要处理的问题抽象为对象，然后通过对象的属性和行为来解决对象的实际问题。面向对象编程思想中两个重要的基本概念就是类和对象，接下来分别介绍。

10.1.1　类

世间万物都具有其自身的属性和方法，通过这些属性和方法可以将不同事物区分开。比如人具有姓名、性别、身高、体重等属性，还可以进行唱歌、打篮球、写字、游泳等活动。在面向对象思维中，可以把人看作程序中的一个类，人的姓名、性别、身高、体重可以看作类中的属性，唱歌、打篮球、写字、游泳这些技能可以看作类中的方法。

类是属性和方法的集合，是面向对象编程方式的核心和基础，通过类可以将零散的用于实现某项功能的代码进行有效管理。例如，创建一个运动类，其中包括 5 个属性：姓名、身高、体重、年龄和性别，定义 4 个方法：踢足球、打篮球、游泳和羽毛球。

总而言之，类是属性和方法的集合，是面向对象编程方式的核心和基础。

10.1.2　对象

类是事物的抽象模型，实际应用中还需要对类进行实例化，这样就引入了对象的概念。

对象是类进行实例化后的产物，是一个实体。仍然以人为例，"张三是人"这句话没有错误，但是反过来说"人是张三"，这句话一定是错误的。因为除了张三，还有李四、王五等更多不同姓名的人。这里的"张三"就是"人"这个类的一个实例对象，拥有张三对应的性别、身高、体重等属性以及张三会的技能，如唱歌、打篮球等方法。

可以这样理解对象和类的关系：类是对象的抽象，在类中可以定义对象的属性和方法；对象是类的实例，类只有被实例化后才能使用。

10.2　面向对象编程的特性

面向对象编程具有封装、继承、多态三大特性，它们迎合了编程中注重代码重用性、灵活性和可扩展性的需要，奠定了面向对象思想在编程中的地位。

1．封装

封装就是将一个类的使用和实现分开，只保留有限的接口（方法）与外部联系。开发人员只需要了解这个类的使用方法，不需要关心这个类是如何实现的。这样做可以使开发人员更好地集中精力专注于核心功能，同时可以避免程序之间相互依赖造成的不便。

例如，在使用计算机时，我们并不需要了解计算机每个部件的具体用处，只需要按下电源键启动计算机，这就体现了封装的好处。

2．继承

继承就是派生类（子类）自动继承一个或多个基类（父类）中的属性与方法，并可以重写或添加新的属性或方法。继承这个特性简化了对象和类的创建，增加了代码的重用性。

例如，已经定义了 A 类，接下来准备定义 B 类，而 B 类中有很多属性和方法与 A 类相同，则可以使 B 类继承 A 类，无须再在 B 类中定义 A 类中已有的属性和方法，从而可以在很大程度上提高程序的开发效率。

继承分为单继承和多继承，PHP 目前只支持单继承，即一个子类有且只有一个父类。

3. 多态

对象的状态是多变的。一个对象相对于同一个类的另一个对象来说，它们拥有的属性和方法虽然相同，却可以有不同的状态。另外，一个类可以派生出若干个子类，这些子类在保留父对象的某些属性和方法的同时，也可以定义一些新的方法和属性，甚至完全改写父类中的方法。多态增强了软件的灵活性和重用性。

10.3　面向对象使用基础

本教程对仅对案例项目中用到的部分 PHP 面向对象基础内容进行简单介绍。

10.3.1　定义类

类表示一件事物的抽象特点，包括共同属性和方法，使用 class 关键字后面加类名进行定义，包含成员的属性和方法，语法如下：

```php
<?php
class phpClass {
// 下面是phpClass的成员属性
  var $var1;
  var $var2 = "变量";
// 下面是phpClass的成员方法
  function myfunc ($arg1, $arg2) {
     [..]
  }
  [..]
}
?>
```

如定义一个验证码的类，参考代码如下：

```php
1    <?php
2    class Code{
3         // 下面是Code的成员属性
4         protected $number; // 验证码个数$number
5         protected $codeType; // 验证码类型$codeType
6         protected $width; // 验证码图像宽度$width
7         protected $height; // 验证码图像高度$height
8         protected $code; // 验证码字符串$code
9         protected $image; // 图像资源$image
10
11        //下面的构造函数__construct()是一种特殊的方法，主要用来在创建对象时初始化对象，即为对
象成员变量赋初始值
12        public function __construct($number=4,$codeType=0,$height=50,
$width=100){
13            //初始化自己的成员属性
14            $this->number=$number;
15            $this->codeType=$codeType;
16            $this->width = $width;
17            $this->height= $height;
```

```
18          //生成验证码函数
19          $this->code = $this ->createCode();
20      }
21
22      //下面是 Code 的成员方法，用于获取验证码
23      public function getCode() {
24          return $this->code;
25      }
26  }
27  ?>
```

10.3.2　实例化对象

面向对象程序的单位是对象，类是抽象的，但对象是具体的，具有具体属性值和方法。对象是通过类实例化生成的，PHP 使用 new 来实例化对象，代码如下：

```
1.  $Code = new Code(4,0,36,100);
2.  $Code2 = new Code(6,1,36,100);
3.  $Code 3= new Code(6,2,50,100);
```

这段代码是通过 Code 类生成实例对象的过程，$Code 是实例生成的对象名称，同样可以实例生成更多的对象（$Code2，$Code3）等。一个类可以实例生成多个对象，每个对象都是独立的，上面的代码相当于实例生成 3 个验证码，每个验证码之间没有联系，它们都是 Code 类，每个验证码都规定了验证码字符数量、组成类型、验证码图片的宽度和高度。只要是类体现出来的成员属性和成员方法，实例化生成的对象则会默认包含这些属性和方法。

10.3.3　调用成员方法

在实例化对象后，我们可以通过“对象→成员”的方式调用成员，该对象的成员方法只能操作该对象的成员变量，语法如下：

```
1.  $_SESSION['codenum'] = $Code ->getCode();
```

上面的代码表示$Code 对象调用成员方法 getCode()，用于获取验证码。

10.3.4　访问控制

PHP 对属性或方法的访问控制，是通过在前面添加关键字 public（公有），protected（受保护）或 private（私有）来实现的，其中 public 的类成员可以任意被访问，protected 的类成员则可以被其自身以及其子类访问，private 的类成员则只能被其定义所在的类访问。

如果使用 var 定义类中的成员属性，其方法默认为 public；如果定义类中的成员方法时没有设置上述关键字，则该方法默认为 public。

前面 2.1.1 节中定义的 Code 类中，成员属性均为 protected，定义的方法均为 public。

10.3.5　$this

$this 是 PHP 中的伪变量，表示类本身，可访问本类及父类中的成员属性与方法。$this 中有一个指针，指向调用对象，只能在类内部使用。当类实例化对象后，$this 表示指向当前对

象实例的指针。

10.3.6 构造函数与析构函数

构造函数__construct()是 PHP 中的特殊方法，在实例化类时自动执行，在 2.1.1 节类的定义中有一段构造函数的应用。析构函数__destruct()也是 PHP 中的特殊方法，作用与构造函数相反，当对象结束其生命周期时（例如当类调用完成后），系统自动执行析构函数。用于销毁验证码的析构函数如下：

```
1.  public function __destruct(){
2.          imagedestroy($this->image); //销毁图像资源
3.      }
```

这里不再具体介绍 PHP 面向对象更多的内容如类的继承、方法重写、static 关键字、final 关键字、接口、多态、抽象类等。

10.4 MySQLi 操作 MySQL 数据库

MySQLi 提供了面向对象和面向过程两种方式操作数据库，面向过程的方式均以 mysqli 作为前缀，已经在项目前台多次应用，下面介绍面向对象的方式来操作数据库。

10.4.1 查询列表实现

查询列表实现代码如下：

```
1.   <?php
2.  #1.创建 MySQL 对象
3.  $conn=new mysqli("localhost","root","root","qihangdb");
4.  $conn -> query("set names utf8");
5.  if(!$conn)
6.  {
7.      die("连接失败！".$conn ->connect_error);
8.  }
9.
10. #2.操作数据库
11. $sql="select * from admin";
12. $res=$conn ->query($sql) or die("执行命令失败！");//执行 sql 命令
13.
14. #3.处理结果
15. while($row=$res->fetch_array ())
16. {
17.     var_dump($row);
18. }
19. #4.关闭资源
20. $res->free();//释放内存
21. $conn ->close();//关闭连接
22. ?>
```

10.4.2 封装类实现

对于功能比较复杂的类，一般会单独封装到一个类文件中，类文件统一以"类名小写.class.php"的方式命名。在其他文件需要使用这个类时，可以使用 include 包含这个类文件。本教材所提供的模板中，admin/inc/code.class.php 是一个类文件，封装了一个类 Code，而 admin 下的 codenum.php 则是调用页面，实现了动态生成验证码。这是从面向对象到实例运用的一个简单例子，读者可以从中简单了解面向对象，理解对象和类的概念，以及理清类与对象之间的关系。请读者自行尝试运用面向对象的编程思想，学习应用 MySQLi 操作 MySQL 数据库，来实现项目后台功能。

第11章

后台管理入口

项目超级管理员必须由开发者在数据库初始化时进行设置，管理员登录后才能进行网站信息编辑。后台登录界面如图 11.1 所示。

图 11.1 后台登录界面

11.1.1 数据准备

在数据库 admin 表中添加数据，如图 11.2 所示，其中的密码采用 md5()加密，在 php 页面中可以使用 echo md5("密码")获得，如项目使用的密码为"admin"，则可以使用 echo md5("admin")得到一个 32 位的加密密码，数据表密码处需要输入页面显示的字符串"21232f297a57a5a743894a0e4a801fc3"；项目设置了三个管理员级别 level，999 为超级管理员，99 为管理员，9 为页面管理员；manage 为管理员对应权限内容；logins 用于记录该管理员登录次数；lasttime 用于记录最后登录时间；lastip 用于记录最后登录的 IP 地址。

字段	类型	函数	空	值
id	int(11)			1
adminname	varchar(20)			admin
adminpwd	varchar(32)			21232f297a57a5a743894a0e4a801fc3
logins	int(11)			0
lastip	varchar(15)			
lasttime	int(10)			
level	int(11)			999
manage	varchar(255)			ALL

图 11.2　admin 表初始化

11.1.2　实现思路

1．随机验证码的实现，单击验证码可以改变验证码；

2．获得用户输入的账号、密码和验证码；

3．判断输入数据的有效性；

4．验证码正确的情况下，检查账号在 admin 数据表中是否存在，存在情况下判断密码的正确性；

5．验证通过的情况下，将用户信息存储到 session，转入管理主页。

11.1.3　设计与实现

1．登录界面 login.php

从提供的模板中找到后台 admin 目录下的 login.html，在项目 admin（用于存放所有后台文件）目录下新建 login.php，进行以下修改：

● 表单 form 的 action 属性值修改为 "action="logaction.php?act=login""；

● 将静态验证码图片修改为 "<img src="codenum.php" style="float:right;margin-right:50px; cursor:pointer;" title="点击刷新" onclick="this.src='codenum.php'"/>"。

codenum.php 用于获得动态的验证码，具体代码如下：

```
1.  <?php
2.  session_start();
3.  include 'inc/code.class.php';
4.  $Code = new Code(4,0,36,100);
5.  $Code -> outImage();
6.  $_SESSION['codenum'] = $Code ->getCode();
7.  ?>
```

上述第 3 行代码调用了一个封装类 Code；第 4 行实例化 Code 类，生成一个 $Code 对象；第 5 行调用 Code 类 outImage() 方法，在网页显示验证码；第 6 行调用 Code 类的 getCode() 方法得到验证码，并存入 session，用于比对用户输入是否正确。

2．登录验证、退出系统 logaction.php

验证账号合法性必须要操作数据库，因此 loginaction 页面需要先连接数据库，可以包含前台的连接数据库文件 include '../inc/conn.php'，也可以使用面向对象的方法重新编写一个后台连接数据库的文件 conn.php。在 admin/inc 下新建 conn.php，专用于后台数据库连接，使用 mysqli 类连接数据库的 conn 文件代码如下：

```php
1.  <?php
2.  header("Content-type:text/html;charset=utf-8");
3.  date_default_timezone_set("PRC");
4.  //$实例名 = new 类名([属性]);
5.  $conn = new mysqli("localhost","root","root","qihangdb");
6.  $conn -> query("set names utf8");
7.  session_start();
8.  //调用前台功能函数
9.  include '../inc/functions.php';
10. ?>
```

logaction.php 代码如下，需要特别注意字符连接号 "."：

```php
1.  <?php include 'inc/conn.php';?>
2.  <?php
3.  $act = $_GET['act'];
4.  switch ($act) {
5.      case 'login':
6.          # 登录程序
7.          # 获取数据
8.          $adminname=trim($_POST['user']);
9.          $adminpwd=trim($_POST['pass']);
10.         $code=trim($_POST['code']);
11.         # 验证数据有效性
12.         if($adminname==""){
13.          echo "<script>alert('账号不能为空');history.go(-1);</script>";
14.             die();
15.         }
16.         if($adminpwd==""){
17.             echo "<script>alert('密码不能为空');history.go(-1);</script>";
18.             die();
19.         }
20.         if($code==""){
21.             echo "<script>alert('验证码不能为空');history.go(-1);</script>";
22.             die();
23.         }
24.         if($code!=$_SESSION['codenum']){
25.             echo "<script>alert('验证码不正确');history.go(-1);</script>";
26.             die();
27.         }
28.
29.         # 验证账号是否存在
```

```
30.            $sql="select adminpwd,level,id,manage from admin where adminname='".$
adminname."'";
31.            $results = $conn -> query($sql); //同$results=mysqli_query($conn,$Sql)
32.            //$results -> num_rows 与 mysqli_num_rows($results)类似，都是获得记录数量
33.            if($results -> num_rows==0){
34.                echo "<script>alert('账号不存在！ ');history.go(-1);</script>";
35.                die();
36.            }
37.            # 验证密码是否正确
38.            $row = $results -> fetch_assoc();//同
$row=mysqli_fetch_assoc($results) 将记录集中的一行返回成关联数组
39.            $adminpwd = md5($adminpwd);
40.            if($adminpwd != $row['adminpwd']){
41.                echo "<script>alert('密码不正确！ ');history.go(-1);</script>";
42.                die();
43.            }
44.            # 派发管理证明
45.            $_SESSION['adminid'] = $row['id'];
46.            $_SESSION['adminname'] = $adminname;
47.            $_SESSION['level'] = $row['level'];
48.            $_SESSION['manage'] = $row['manage'];
49.
50.            # 更新数据库
51.            $lasttime = time();
52.            $lastip = getIp();
53.
54.            $sql="update admin set logins=logins+1,";
55.            $sql.=" lasttime=$lasttime,";
56.            $sql.="lastip='".$lastip."'";
57.            $sql.=" where id=".$row['id'];
58.
59.            $conn -> query($sql);
60.            echo "<script>alert('登录成功，正在跳转！
');location.href='index.php';</script>";
61.            break;
62.
63.        case 'logout':
64.            # 退出程序
65.            unset($_SESSION['adminid']);
66.            unset($_SESSION['adminname']);
67.            unset($_SESSION['level']);
68.            unset($_SESSION['manage']);
69.            echo "<script>alert('退出成功，正在跳转！
');location.href='login.php';</script>";
70.            break;
71.    }
72.    ?>
```

PHP 网站开发实例教程（微课版）

上面代码中更新数据库部分的$lastip = getIp();用于获得用户登录的客户端 ip 地址，getIp()
为自定义方法，写在功能函数 functions.php 中，具体代码在模板 inc/functions.php 中已提供，
可以直接复制。

11.2 后台管理主界面

在第 3 章中分析过网站后台的功能需求以及后台界面设计，要求网站后台界面简洁明了，
操作性强。本项目结合浮动框架完成后台界面，效果如图 11.3 所示。界面顶部为登录管理员
信息；界面主体左侧为管理菜单，通过单击菜单中的导航，在主体右侧浮动框架内显示对应
内容，默认为效果图中的管理首页；界面底部为版权信息。

图 11.3　网站后台管理主界面

将 admin 目录（后台页面均在该文件夹）下所有静态网页修改成 php 文件，在 index.php
中把原始链接到静态网页（.html）的超链接都修改成动态网页（.php）。该页面使用浮动框架
调用其他页面显示在网页主体右侧，默认页面为 main.php。右上方单页面快速管理代码块如
下所示，只需要将链接传递的 id 值与数据库一一对应即可，如图 11.4 所示，公司概况对应 id
为 1，与下文代码中的 id 保持统一。main.php 单页面快速管理代码块如下：

```
19.<div class="boxTitle">单页面快速管理</div>
20. <ul class="ipage">
21.    <a href="page.php?rec=edit&id=1" class="child1">公司概况</a>
22.    <a href="page.php?rec=edit&id=2" class="child1">管理架构</a>
23.    <a href="page.php?rec=edit&id=3" class="child1">发展历程</a>
24.    <a href="page.php?rec=edit&id=4" class="child1">荣誉资质</a>
25.    <a href="page.php?rec=edit&id=5" class="child1">企业文化</a>
26.    <a href="page.php?rec=edit&id=6" class="child1">营销网络</a>
27.    <a href="page.php?rec=edit&id=7" class="child1">人才理念</a>
28.    <a href="page.php?rec=edit&id=8" class="child1">联系我们</a>
29. <div class="clear"></div>
```

```
30.  </ul>
```

qihangdb 数据库 about 表中公司基本信息中的公司概况对应 id 的值为 1，如图 11.4 所示，需要与上文代码第 21 行查询字符串 id 的值一一对应；管理架构在数据表中的 id 值为 2，所以代码第 22 行的查询字符串 id 的值为 2；其余公司基本信息项依次类推。

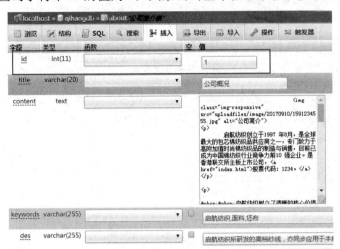

图 11.4　公司基本信息中公司概况 id

PHP 获取服务器相关信息的方法如表 3.1 所示。

表 3.1　PHP 获取服务器相关信息的方法

服务器 IP 地址	$_SERVER['SERVER_ADDR']
服务器域名	$_SERVER['SERVER_NAME']
服务器端口	$_SERVER['SERVER_PORT']
服务器操作系统	php_uname()
PHP 版本	PHP_VERSION
最大上传限制	<?=get_cfg_var ("upload_max_filesize")?get_cfg_var ("upload_max_filesize"):"不允许上传" ?>
最大执行时间	get_cfg_var("max_execution_time")."秒　";
脚本运行占用最大内存	get_cfg_var ("memory_limit")?get_cfg_var ("memory_limit"):"无"
MYSQL 支持	<?php echo function_exists (mysql_close)?"是":"否"; ?>
MYSQL 版本	mysqli_get_server_info()（低版本适用）
Web 服务器	apache_get_version()（低版本适用）
GD 库支持	<?php echo function_exists('gd_info')?'是':'否';?>
获取服务器解译引擎	$_SERVER['SERVER_SOFTWARE']
获取服务器 CPU 数量	$_SERVER['PROCESSOR_IDENTIFIER']
获取服务器系统目录	$_SERVER['SystemRoot']
获取服务器域名	$_SERVER["HTTP_HOST"]
获取服务器 Web 端口	$_SERVER['SERVER_PORT']
获取请求页面时通信协议的名称和版本	$_SERVER['SERVER_PROTOCOL']

由表 3.1 可知，后台管理右侧默认页显示的获得服务器信息代码如下：

```
33.<div class="indexBox">
34.  <div class="boxTitle">服务器信息</div>
35.  <ul>
```

```
36.
    <table width="100%" border="0" cellspacing="0" cellpadding="7" class="tableB
asic">
37.    <tr>
38.    <td width="120" valign="top">PHP 版本: </td>
39.    <td valign="top"><?=PHP_VERSION?></td>
40.    <td width="100" valign="top">MySQL 版本: </td>
41.    <td valign="top"><?=$conn -> get_server_info();  ?></td>
42.    <td width="100" valign="top">服务器操作系统: </td>
43.    <td valign="top"><?=php_uname()?></td>
44.    </tr>
45.    <tr>
46.    <td valign="top">文件上传限制: </td>
47.
       <td valign="top"><?=get_cfg_var ("upload_max_filesize")?get_cfg_var ("uplo
ad_max_filesize"):"不允许上传" ?></td>
48.    <td valign="top">GD 库支持: </td>
49.    <td valign="top"><?=function_exists('gd_info')?'是':'否';?></td>
50.    <td valign="top">Web 服务器: </td>
51.    <td valign="top"><?= $_SERVER['SERVER_SOFTWARE']?></td>
52.    </tr>
53.    </table>
54.    </ul>
55.</div>
```

只有管理员才可以访问管理平台，因此需要验证身份，在 inc 中新建 auth.php 用于验证管理员是否已登录，后台页面除 logaction.php 外均需包含该文件，用于验证是否登录的页面 auth.php 的代码如下：

```
1. <?php
2. if(!isset($_SESSION['adminname'])){
3.     echo "<script>alert('您未登录或已经超时，请先登录
');top.location.href='login.php';</script>";
4.     die();
5. }
6. ?>
```

11.3 后台管理菜单

不同级别的管理员拥有的管理权限有所不同，超级管理员拥有所有权限，而页面管理员权限可以指定某个具体功能的管理，如订单管理。该功能主要通过显示不同的管理菜单来实现。首先获得登录管理员的管理范围 manage，登录时已经存储在$_SESSION['manage']中，在首页开头部分添加如下 index 获得管理范围的代码，数字 1~12 表示后台的 12 个管理菜单，如果管理范围是"1,3,5"，表示该管理员可以看到的管理菜单为企业信息管理、单页面管理和首页幻灯广告管理。

```
1. <?php include 'inc/conn.php';?>
2. <?php include 'inc/auth.php';?>
3. <?php
```

```
4.  if($_SESSION['manage']=="ALL"){
5.      $manage="1,2,3,4,5,6,7,8,9,10,11,12";
6.  }else{
7.      $manage=$_SESSION['manage'];
8.  }
9.  $manage=explode(",", $manage);//将字符串转换为数组
10. ?>
```

在后面管理菜单代码中依次添加条件语句，实现权限菜单功能。第 47 行的"1"表示第一个管理菜单，"2"对应第二个菜单"网站管理员"，……

index 判断该企业信息管理导航是否显示的代码如下，如果"1"在$manage 中，表示具有该权限，将显示企业信息管理菜单。其余 11 个管理菜单能否显示的代码类似，只需要将数字换成管理菜单对应的序号即可。

```
47. <?php if(in_array("1",$manage)){ ?>
48.     <li><a href="system.php" target="main"><i class="system"></i><em>企业信息管理</em></a></li>
49.     <?php } ?>
```

将首页头部的管理员信息修改成相应的动态代码，index 管理员登录信息的代码如下：

```
23. <div id="dcHead">
24. <div id="head">
25.
        <div class="logo"><a href="index.php"><img src="images/dclogo.gif" alt="logo"></a></div>
26.  <div class="nav">
27.   <ul class="navRight">
28.    <li class="M noLeft">
29.     <a href="JavaScript:void(0);">您好, <?=$_SESSION['adminname']?></a>
30.     <div class="drop mUser">
31.       <a href="editadmin.php?id=<?=$_SESSION['adminid']?>" target="main">编辑我的个人资料</a>
32.     </div>
33.    </li>
34.    <li class="noRight"><a href="loginaction.php?act=logout">退出</a></li>
35.   </ul>
36.  </div>
37. </div>
38. </div>
```

至此，后台已经可以根据管理员的管理级别，动态显示相应菜单，从而实现分级管理，但具体管理功能的实现还需要后续补充完整。

11.4　巩固练习

1. 完成启航网站管理员登录验证。
2. 完成启航网站不同管理员登录可实现不同的管理权限。
3. 完成启航网站服务器相关信息的显示。
4. 完成拓展网站管理员登录功能。

第 12 章

内容管理

12.1 管理员管理

12.1.1 管理员列表

单击"管理员管理"显示管理员列表，效果如图 12.1 所示，其中显示有所有管理员的账号、级别、登录信息，超级管理员具有添加、编辑和删除管理员权限，其他管理员只具有修改密码的权限。

管理员	级别	登陆次数	登陆IP	登陆时间	操作
abc	管理员	0	127.0.0.1	2017-12-12 13:40:33	编辑 | 删除
asd	超级管理员	1	127.0.0.1	2017-12-08 10:11:24	编辑 | 删除
aaa	管理员	2	127.0.0.1	2017-12-22 11:30:16	编辑 | 删除
admin	超级管理员	13	127.0.0.1	2018-08-12 09:12:36	编辑 | 删除

« < **1** > » 共1页，转到 1 ▼

图 12.1 管理员列表

在 adminlist.php 的页头添加包含 conn 和 auth 文件，其他管理页面均需要完成该操作，默认已经添加了如下代码，后面不再赘述。

```
1. <?php include 'inc/conn.php';?>
2. <?php include 'inc/auth.php';?>
```

管理员列表的实现思路与前面介绍过的列表类似，检索 admin 表的所有记录，按行输出记录，最后增加分页调用，采用面向对象的方式进行数据库操作。循环体部分代码如下所示，第 31 行代码$conn 是在包含文件 conn.php 中由 mysqli 类实例生成的对象，$conn -> query($sql)表示执行$sql 命令，第 32 行$results -> num_rows 表示获得记录数量，第 40 行$row=$results -> fetch_object()表示从结果集（记录集）中取得一行作为对象，后续可以使用对象调用属性的方式显示所需信息，如账号名称可以用$row->adminname 显示。

```
17.<table width="100%" border="0" cellspacing="0" cellpadding="7" class=
"tablebasic">
18.    <tr>
19.      <th width="50" > </th>
20.      <th width="20%">管理员</th>
```

```
21.        <th width="15%">级别</th>
22.        <th width="15%">登录次数</th>
23.        <th width="15%">登录 ip</th>
24.        <th width="15%">登录时间</th>
25.        <th width="18%">操作</th>
26.    </tr>
27.    <?php
28.          $page=intval(@$_GET['page']);//获取当前页次
29.          $pagesize=10;//设置每页显示的记录条数
30.          $sql="select id from admin";
31.          $results = $conn -> query($sql) or die("执行命令失败");
32.          $count = $results -> num_rows;
33.          $maxpage=ceil($count/$pagesize);
34.          if($page>$maxpage){$page=$maxpage;}
35.          if($page<1){ $page=1;}
36.          $start=($page-1)*$pagesize;
37.          $param="";
38.          $sql="select * from admin order by id desc limit $start,$pagesize";
39.          $results = $conn -> query($sql) or die("执行命令失败 2");
40.          while($row=$results -> fetch_object()){
41.      ?>
42.    <tr>
43.    <td align="center">  </td>
44.    <td align="center"> <?=$row->adminname?></td>
45.    <td align="center"> <?=getlevel($row->level)?></td>
46.    <td align="center"> <?=$row->logins?></td>
47.    <td align="center"> <?=$row->lastip?> </td>
48.    <td align="center"> <?=date("y-m-d H:i:s",$row->lasttime)?></td>
49.    <td align="center">
50.    <a href="editadmin.php?id=<?=$row->id?>">编辑</a> |
51.    <a href="javascript:if(confirm('是否删除该信
息?'))location='action.php?act=deladmin&id=<?=$row->id?>';">删除</a> </td>
52.    </tr>
53.    <?php } ?>
54.    </table>
```

在 admin 数据表中用数字 9、99、999 表示页面管理员、管理员和超级管理员，如果在 adminlist 页面直接输出$row->level 得到的是数字，对于管理人员来说不够直观，需要将数字转换成通俗易懂的内容，在功能函数库 functions 中定义一个 getlevel()方法，将数字等级换成汉字等级。getlevel()函数代码如下，其中形参$level 表示要判断的管理员级别。

```
100.    /**************
101.    getlevel() 管理员级别
102.    @param $level  int    级别
103.    @return string
104.    **************/
105.    function getlevel($level)
106.    {
107.        switch ($level) {
108.            case '999':
```

```
109.            $leveltitle="超级管理员";
110.            break;
111.        case '99':
112.            $leveltitle="管理员";
113.            break;
114.        case '9':
115.            $leveltitle="页面编辑员";
116.            break;
117.        }
118.    return ($leveltitle);
119.    }
```

最后，在列表外面调用分页函数 pagelist()，完成管理员列表页面。管理员列表调用分页函数如下：

```
56.<div class="page">
57. <?php
58. if($count>0){
59.    echo "<ul>";
60.    pagelist($maxpage,$page,5,$param);
61.    echo "</ul>";
62. }
63. ?>
64.</div>
```

12.1.2 添加管理员

1．界面设计

单击管理员列表右上角的"添加管理员"按钮可以进入添加管理员界面 addadmin.php，如图 12.2 所示，只有超级管理员可以添加管理员，因此在页面上需要判断当前登录用户是否为超级管理员，如果不是则弹出"无操作权限"的提示。

图 12.2　添加管理员界面

判断登录管理员的权限是否为系统设置的 999 及以上，若级别低于 999，则表示当前登录用户不是超级管理员，弹出"无操作权限"警告框。addadmin 判断管理员权限的代码如下：

```
1. <?php include 'inc/conn.php';?>
2. <?php include 'inc/auth.php';?>
3. <?php
4. if($_SESSION['level']<999){
5.   echo "<script>alert('无操作权限! ');history.go(-1);</script>";
6.   die();
7. }
8. ?>
```

添加管理员界面其余代码与静态页面相同，请确认添加管理员的表单 action 值为 action. php?act=addadmin，method 值为 post。

2．实现添加功能

新建数据处理页面 action.php，根据 adminlist.php 和 addadmin.php 页面，可知管理员操作功能代码均在 action.php 页面，根据不同查询字符串的值进行不同的操作，可以先在该页书写如下代码框架：

```
1. <?php include 'inc/conn.php';?>
2. <?php include 'inc/auth.php';?>
3. <?php
4. $act = $_GET['act'];//获取查询字符串的值，判断具体操作
5. switch ($act) {
6.   ……
7. }
```

再根据查询字符串 act 的值在 switch 中添加不同的 case 语句块，如添加管理员就添加 case 'addadmin'语句块。添加管理员实现思路为：

1）获得表单输入数据；

2）判断有效性；

3）判断账号是否重复，不重复情况下添加记录到数据表 admin。

由于表单提交方式 action 为 post，获得表单提交数据的方法是$_POST[表单控件 name]，如管理员账号对应的文本框控件 name 为 adminname，那么$_POST['adminname']就可以获得在这个文本框输入的内容。通过如下代码获得表单输入内容：

```
$adminname=$_POST['adminname'];
$level=$_POST['level'];
$adminpwd=$_POST['adminpwd'];
$readminpwd=$_POST['readminpwd'];
```

对输入的用户名和密码进行简单的有效性判断，如输入内容为空则需要给出提示信息，如下代码用于判断用户名是否输入，其余内容有效性判断可以参考完成。

```
if($adminname==""){
        echo "<script>alert('管理员账号不能为空');history.go(-1);</script>";
        die();
    }
```

有效性判断还需要判断两次密码输入一致性问题，如果不一致则给出提示信息，实现代码如下：

```
if($readminpwd!=$adminpwd){
    echo "<script>alert('两次密码不一致');history.go(-1);</script>";
    die();
```

```
}
```

在输入数据有效的情况下，对要添加的管理员账号进行查重，保证管理员账号的唯一性，账号查重代码如下：

```
$sql="select id from admin where adminname='".$adminname."'";
$results = $conn -> query($Sql) or die("失败");
if(($results -> num_rows)>0){
    echo "<script>alert('该管理员已经存在');history.go(-1);</script>";
    die();
}
```

通过有效性验证的内容可以添加到数据表，需要注意的是添加管理员的管理内容，如果添加的是超级管理员，表示可以管理所有内容，如果添加的是其他级别的管理员，则选中有权限管理的内容前面的复选框，将这组复选框提交到 action.php 得到的是一个数组，使用 implode(分隔符，数组)函数将这个数组组合成字符串，方便存入数据表中。获得管理内容的代码如下：

```
if($level=="999"){
    $manage="ALL";//避免字符串太长
}else{
    $manage=$_POST['manage'];
    $manage=implode(",",$manage);
}
```

最后将有效的数据添加到数据表 admin 中，添加管理员的完整代码如下：

```
1.  <?php include 'inc/conn.php';?>
2.  <?php include 'inc/auth.php';?>
3.  <?php
4.  $act = $_GET['act'];//获得查询字符串的值，判断具体操作
5.  switch ($act) {
6.      case 'addadmin':
7.          # 添加管理员
8.          # 获取表单输入数据
9.          $adminname=$_POST['adminname'];
10.         $level=$_POST['level'];
11.         $adminpwd=$_POST['adminpwd'];
12.         $readminpwd=$_POST['readminpwd'];
13.         # 有效性验证
14.         if($adminname==""){
15.             echo "<script>alert('管理员名称不能为空');history.go(-1);</script>";
16.             die();
17.         }
18.         if($adminpwd==""){
19.             echo "<script>alert('密码不能为空');history.go(-1);</script>";
20.             die();
21.         }
22.         if($readminpwd==""){
23.             echo "<script>alert('确认密码不能为空');history.go(-1);</script>";
24.             die();
25.         }
```

```
26.        if($readminpwd!=$adminpwd){
27.            echo "<script>alert('两次密码不一致');history.go(-1);</script>";
28.            die();
29.        }
30.        #账号查重
31.        $sql="select id from admin where adminname='".$adminname."'";
32.        $results = $conn -> query($sql) or die("失败");
33.        if(($results -> num_rows)>0){
34.            echo "<script>alert('该管理员已经存在');history.go(-1);</script>";
35.            die();
36.        }
37.        #管理内容转换成字符串
38.        if($level=="999"){
39.            $manage="ALL";
40.        }else{
41.            $manage=$_post['manage'];
42.            $manage=implode(",",$manage);
43.        }
44.        #将有效的数据添加(插入一条数据)到数据表
45.        #定义添加命令  注意字段名和字段值一一对应
46.        $sql="insert into admin(adminname,adminpwd,manage,level) values(";
47.        $sql.=" '".$adminname."',";
48.        $sql.=" '".md5($adminpwd)."',";
49.        $sql.=" '".$manage."',";
50.        $sql.="$level";
51.        $sql.=")";
52.        #执行添加命令
53.        $results = $conn -> query($sql) or die("失败");
54.        #给出成功或失败提示
55.        echo "<script>alert('添加成功
');location.href='addadmin.php';</script>";
56.        break;
```

运行后测试效果，发现新添加的管理员登录时间显示为"1970-01-01 08:00:00"，该时间是现代计算机时间的基准（1970 年 1 月 1 日 0 点整），由于我国处于东八区，比子午线所在地快 8 个小时，因此这里显示的是"1970-01-01 08:00:00"。如果不需要显示基准时间，请尝试参照前台首页新闻时间显示的设置方法解决这个问题。

12.1.3 编辑管理员

1. 界面设计

编辑管理员页面 editadmin.php 的界面与添加管理员基本一致，不同之处在于：编辑信息时，表单内已显示当前的基本信息；登录管理员的权限不同，编辑页面有所不同。超级管理员登录时，编辑管理员界面如图 12.3 所示，可以对任何管理员进行任何操作；其他管理员登录时，只能修改自己的登录密码，不能修改管理级别和管理内容，如图 12.4 所示。

管理员管理 > 编辑管理员

返回列表

管理员名称	ww
管理员级别	管理员 ▼
密码	
确认密码	
管理内容	☑企业信息 ☐管理员 ☑单页面管理 ☐自定义导航栏 ☐首页幻灯广告 ☐产品分类 ☐产品列表 ☐纺织动态分类 ☐纺织动态列表 ☐招聘列表 ☐订单列表 ☑咨询列表

提交

图 12.3　超级管理员 admin 登录显示的编辑管理员页面

管理员管理 > 编辑管理员

管理员名称	ww
密码	
确认密码	

提交

图 12.4　普通管理员 ww 登录显示的编辑管理员页面

将 addadmin.php 另存为 editadmin.php，根据 adminlist.php 列表中"编辑"链接传递的 id 值，在数据表中检索对应的管理员信息，显示在表单中。

根据 id 值获取需要编辑的管理员的原始数据，代码如下：

```php
1.  <?php include 'inc/conn.php';?>
2.  <?php include 'inc/auth.php';?>
3.  <?php
4.  #根据 id 获取需要编辑的管理员的原始数据
5.  $id=$_GET['id'];
6.  $sql="select adminname,level,manage from admin where id=".$id;
7.  $results = $conn ->query($sql) or die("失败");
8.  $row = $results ->fetch_object();
```

任何管理员均有权限修改自己的密码，所以编辑管理员信息的操作权限判断稍微复杂一些，代码如下：

```php
9.  #判断登录的管理员是否有权限操作
10. if($_SESSION['level']<999 and $_SESSION['adminname']!=$row->adminname){
11.   echo "<script>alert('无权操作权限！');history.go(-1);</script>";
12.   die();
13. }
```

将需要修改的管理员所管理的内容重新恢复成数组，用于显示复选框勾选的信息，思路与控制管理菜单权限类似。

获取要修改的管理员所管理的内容代码如下：

```
14. #获取要修改的管理员所管理的内容
15. if($row->manage=="ALL"){
16.     $manage="1,2,3,4,5,6,7,8,9,10,11,12";
17. }else{
18.     $manage=$row->manage;
19. }
20. $manage=explode(",", $manage);//将字符串转换为数组
21. ?>
```

至此要显示到表单中的数据已经准备妥当，只需在表单控件中输入内容即可。首先将表单 action 设置为 action.php?act=editadmin，将管理员名称控件设置为只读，并显示管理员账号，代码见第 43 行。只有超级管理员有权限编辑管理员级别和管理内容，分别在第 46 行和第 57 行代码中添加权限判断。编辑管理员表单及内容显示代码如下：

```
38. <form action="action.php?act=editadmin"  method="post">
39.     <table width="100%" border="0" cellspacing="0" cellpadding="7" class=
"tablebasic">
40.     <tr>
41.     <td width="200" align="right">管理员名称</td>
42.     <td width="*">
43.         <input type="text" name="adminname" id="adminname" class=
"inpflie w300" value="<?=$row->adminname?>" readonly="readonly"/>
44.     </td>
45.     </tr>
46.     <?php if($_SESSION['level']==999){ ?>
47.     <tr>
48.     <td width="200" align="right">管理员级别</td>
49.     <td width="*">
50.         <select name="level">
51.         <option value="999" <?php if($row->level=="999"){echo 'selected=
"selected"';}?>>超级管理员</option>
52.         <option value="99" <?php if($row->level=="99"){echo 'selected=
"selected"';}?>>管理员</option>
53.         <option value="9" <?php if($row->level=="9"){echo 'selected=
"selected"';}?>>页面管理员</option>
54.         </select>
55.     </td>
56.     </tr>
57.     <?php } ?>
58.     <tr>
59.     <td width="200" align="right">密码</td>
60.     <td width="*">
61.         <input type="password" name="adminpwd" id="adminpwd" class=
"inpflie w300" />
62.     </td>
63.     </tr>
```

```
64.    <tr>
65.      <td width="200" align="right">确认密码</td>
66.      <td width="*">
67.        <input type="password" name="readminpwd" id="readminpwd" class=
"inpflie w300" />
68.      </td>
69.    </tr>
70.    <?php if($_SESSION['level']==999){ ?>
71.    <tr>
72.      <td width="200" align="right">管理内容</td>
73.      <td width="*">
74.        <input type="checkbox" name="manage[]" value="1" <?php if(in_array
("1",$manage)){ echo "checked"; }?>/>企业信息
75.        <input type="checkbox" name="manage[]" value="2" <?php if(in_array
("2",$manage)){ echo "checked"; }?>/>管理员
76.        <input type="checkbox" name="manage[]" value="3" <?php if(in_array
("3",$manage)){ echo "checked"; }?>/>单页面管理
77.        <input type="checkbox" name="manage[]" value="4" <?php if(in_array
("4",$manage)){ echo "checked"; }?>/>自定义导航栏
78.        <input type="checkbox" name="manage[]" value="5" <?php if(in_array
("5",$manage)){ echo "checked"; }?>/>首页幻灯片广告
79.        <input type="checkbox" name="manage[]" value="6" <?php if(in_array
("6",$manage)){ echo "checked"; }?>/>产品分类
80.        <input type="checkbox" name="manage[]" value="7" <?php if(in_array
("7",$manage)){ echo "checked"; }?>/>产品列表
81.        <input type="checkbox" name="manage[]" value="8" <?php if(in_array
("8",$manage)){ echo "checked"; }?>/>纺织动态分类
82.        <input type="checkbox" name="manage[]" value="9" <?php if(in_array
("9",$manage)){ echo "checked"; }?>/>纺织动态列表
83.        <input type="checkbox" name="manage[]" value="10" <?php if(in_array
("10",$manage)){ echo "checked"; }?>/>招聘列表
84.        <input type="checkbox" name="manage[]" value="11" <?php if(in_array
("11",$manage)){ echo "checked"; }?>/>订单列表
85.        <input type="checkbox" name="manage[]" value="12" <?php if(in_array
("12",$manage)){ echo "checked"; }?>/>咨询列表
86.      </td>
87.    </tr>
88.    <?php } ?>
89.    <tr>
90.      <td width="200"></td>
91.      <td width="*">
92.        <input type="hidden" name="id" id="id" value="<?=$id?>"/>
93.        <input type="submit" name="submit" id="submit" class="btn" value="提交
" />
94.      </td>
95.    </tr>
96.  </table>
97. </form>
```

显示被编辑管理员的管理内容，见第 70～88 行代码所示，注意画线部分的对应，其余代码依次类推。

最后，为了保证编辑的是同一个管理员的信息，必须在表单内置入一个隐藏字段 id，用于追踪所操作的管理员。在表单任意位置添加隐藏字段如下（见本例代码第 92 行）：

```
<input type="hidden" name="id" id="id" value="<?=$id?>"/>
```

至此，编辑管理员页面已经完成。

2. 实现编辑功能

无论是哪个级别的管理员进入编辑管理员页面，都可以获取到用户名、密码、确认密码和隐藏的管理员 id，代码如下：

```
$adminname=$_POST['adminname'];
$adminpwd=$_POST['adminpwd'];
$readminpwd=$_POST['readminpwd'];
$id=$_POST['id'];
```

如果管理员重置密码（有密码输入），需要修改密码值；如果是超级管理员在操作，还可能修改管理员的权限和管理内容，因此不同情况下执行的 SQL 命令是不同的。为了方便 SQL 连接，我们曾经在前台产品搜索分页时添加一个不影响执行结果的条件表达式，这里也可以借助该思路实现。因此管理员的用户名是只读的，不能修改，可以作为不影响执行结果的第一编辑字段，后面再根据不同情况连接不同的修改字段。代码如下：

```
$sql="update admin set adminname='$adminname' ";
```

如果得到的密码$adminpwd 非空，需要验证两次输入的一致性问题，再修改密码字段，代码如下：

```
if($adminpwd!=""){
        if($adminpwd!=$readminpwd){
            die("<script>alert('两次密码不一致');history.go(-1);</script>");
        }else{
            $sql.=",adminpwd = '".md5($adminpwd)."'";
        }
    }
```

如果不是超级管理员在操作，只需要在 SQL 命令最后添加条件即可修改密码，代码如下：

```
$sql.=" where id=".$id;
```

如果是超级管理员在操作，还需要得到管理权限和管理内容，并添加新的修改字段，代码如下：

```
if($_SESSION['level']==999){
        $level=$_POST['level'];
        if($level=="999"){
            $manage="ALL";
        }else{
            $manage=$_POST['manage'];
            $manage=implode(",",$manage);
        }
        $sql.=",level = $level";
        $sql.=",manage = '".$manage."'";
    }
```

完整的编辑管理员 case 代码块如下：

```
57. case 'editadmin':
58. # 编辑管理员
59. $adminname=$_POST['adminname'];
60. $adminpwd=$_POST['adminpwd'];
61. $readminpwd=$_POST['readminpwd'];
62. $id=$_POST['id'];
63. #为方便SQL连接，首先写一个不影响执行结果的字段
64. #如用户名，表单中是只读的，是无法修改的
65. $sql="update admin set adminname='$adminname' ";
66. #重置密码
67. if($adminpwd!=""){
68.     if($adminpwd!=$readminpwd){
69.         echo "<script>alert('两次密码不一致');history.go(-1);</script>";
70.         die();
71.     }else{
72.         $sql.=",adminpwd = '".md5($adminpwd)."'";
73.     }
74. }
75. #超级管理员还可以修改权限和管理内容
76. if($_SESSION['level']==999){
77.     $level=$_POST['level'];
78.     if($level=="999"){
79.         $manage="ALL";
80.     }else{
81.         $manage=$_POST['manage'];
82.         $manage=implode(",",$manage);
83.     }
84.     $sql.=",level = $level";
85.     $sql.=",manage = '".$manage."'";
86. }
87. $sql.=" where id=".$id;
88. $results = $conn -> query($sql) or die("失败");
89. #给出操作成功或失败提示
90. echo "<script>alert('修改成功');location.href='adminlist.php';</script>";
91. break;
```

12.1.4 删除管理员

删除管理员是超级管理员的权限，需要注意的是，不可以删除系统设定的初始管理员 admin。

为了避免误删除，可以在 adminlist.php 列表的"删除"链接中添加确认提示框，代码如下：

```
<a href="javascript:if(confirm('是否删除该信
息?'))location='action.php?act=deladmin&id=<?=$row->id?>';">删除</a>
```

只有单击确认按钮才会真正删除该记录。通过上面传递的 id 值，在数据表中检索对应的管理员信息，排除初始管理员账号 admin 后，删除该管理员记录。

按照思路书写如下代码：

```
if($_SESSION['level']<999){
    echo "<script>alert('无操作权限！');history.go(-1);</script>";
    die();
}
$id=$_GET['id'];
//允许删除除初始管理员 admin 外的其他管理员
$sql="delete from admin where id=$id and adminname!='admin'";
$results = $conn -> query($sql) or die("失败");
echo "<script>alert('删除成功');location.href='adminlist.php';</script>";
```

　　代码功能完全符合需求，不足之处在于尝试删除初始管理员 admin 时，显示的提示信息也是"删除成功"，而列表中并没有删除 admin。为了解决这个问题，将上述代码进行修改，删除管理员 case 代码块如下。

```
92. case 'deladmin':
93. # 删除管理员
94. //只有超级管理员能删除其他管理员
95. if($_SESSION['level']<999){
96.     echo "<script>alert('无操作权限！');history.go(-1);</script>";
97.     die();
98. }
99. $id=$_GET['id'];
100.    //不能删除 admin
101.    $sql="select adminname from admin where id=$id";
102.    $results = $conn -> query($sql) or die("失败 1");
103.    $row= $results ->fetch_object();
104.    if($row->adminname=="admin"){
105.        echo "<script>alert('该管理员不能删除！');history.go(-1);</script>";
106.        die();
107.    }
108.    //允许删除除初始管理员 admin 外的其他管理员
109.    $sql="delete from admin where id=$id";
110.    $results = $conn -> query($sql) or die("失败 2");
111.    echo "<script>alert('删除成功');location.href='adminlist.php';</script>";
112.    break;
```

12.1.5　巩固练习

　　1．完成启航网站管理员管理功能。

　　2．根据课件提供的模板，参考管理员管理功能的实现，完成新闻类别管理（纺织动态分类）功能。

　　3．完成拓展网站管理员管理功能。

12.2　新闻管理

　　启航网站的新闻是纺织动态，接下来我们一起来完善纺织动态管理，即新闻管理功能。

12.2.1 纺织动态列表

后台纺织动态列表如图 12.5 所示，内容与前台纺织动态列表类似，可以分页显示新闻记录，包括新闻标题、新闻类别、访问量、新闻来源和发布时间等内容；除后台常见的添加、编辑、删除链接及搜索功能外，还增加了批量操作功能，如批量删除、批量转移和批量复制。

□全选	动态标题	动态类型	访问量	来源	发布时间	操作
□	台湾纺织大老：明年营运景气一定比今年好	公司要闻	7	百业网	2018-01-31 09:50:37	编辑 | 删除
□	9月中国棉花周转库存报告 库存总量约55.96万吨	公司要闻	1	全球纺织网	2018-01-31 09:30:35	编辑 | 删除
□	柯桥区B2B、B2C跨境电商风生水起	纺织业界	4	全球纺织网	2017-12-12 14:55:13	编辑 | 删除
□	"一带一路"纺织服装分享汇助推纺城布满全球[图]	公司要闻	29	全球纺织网1111	2017-10-12 20:45:45	编辑 | 删除
□	广东省质监局抽查155批次服装产品 不合格49批次	公司要闻	4	全球纺织网	2017-10-11 16:59:05	编辑 | 删除
□	研究报告称牛仔染整剂市场2025年达 22.1亿美元	公司要闻	2	全球纺织网	2017-10-10 13:12:25	编辑 | 删除
□	郑州新郑综保区进口服装包机业务翻倍增	公司要闻	2	全球纺织网	2017-10-09 09:25:45	编辑 | 删除
□	纺织品"阻燃"有讲究 外贸企业需关注	公司要闻	1	全球纺织网	2017-10-07 01:52:25	编辑 | 删除
□	用化学危险品印染衣物 旗顺一老板被移送检察机关	公司要闻	3	全球纺织网	2017-10-05 22:05:45	编辑 | 删除
□	9月中国棉花周转库存报告 库存总量约55.96万吨	公司要闻	2	全球纺织网	2017-10-04 18:19:05	编辑 | 删除
□	台湾纺织大老：明年营运景气一定比今年好	公司要闻	5	全球纺织网	2018-07-25 10:42:28	编辑 | 删除

批量删除　批量转移动态信息：公司要闻▾　转移　批量复制：公司要闻▾　复制　请输入关键词......　搜索

« < **1** > »　共1页，转到 1▾

图 12.5　后台纺织动态列表

纺织动态列表设计了搜索功能，因此将图 12.5 中灰色底纹的表格存放在表单中，表单设置如下：

```
<form name="" id="form" action="newslist.php" method="post">
```

思考表单 action 的值为什么是 newslist.php。可以参考前台产品列表页的实现方法，后台纺织动态列表 newslist.php 循环体代码如下。

```
79.<div class="indexBox">
80. <form name="" id="form" action="newslist.php" method="post">
81.  <table width="100%" border="0" cellspacing="0" cellpadding="7" class="tableBasic">
82.   <tr>
83.    <th width="50" ><input type="checkbox" id="all">全选</th>
84.    <th width="30%">动态标题</th>
85.    <th width="10%">动态类型</th>
86.    <th width="10%">访问量</th>
87.    <th width="15%">来源</th>
88.    <th width="15%">发布时间</th>
89.    <th width="13%">操作</th>
90.   </tr>
91.   <?php
92.        $page=intval(@$_GET['page']);//获取当前页次
```

```
93.        $pagesize=15;//设置每页显示的记录条数
94.        $kw=@$_REQUEST['kw'];//搜索关键字
95.        $condition=" where 1=1 ";
96.        $param="";
97.        if($kw!=""){
98.            $condition.=" and title like '%".$kw."%'";
99.            $param.="kw=$kw&";
100.               }
101.            $sql="select id from news $condition";
102.            $results = $conn -> query($sql) or die("执行命令失败");
103.            $count = $results -> num_rows;
104.            $maxpage=ceil($count/$pagesize);
105.            if($page>$maxpage){$page=$maxpage;}
106.            if($page<1){ $page=1;}
107.            $start=($page-1)*$pagesize;
108.            $sql="select title,cid,hits,tofrom,createtime,
id from news $condition order by id desc limit $start,$pagesize";
109.            $results = $conn -> query($sql) or die("执行命令失败 2");
110.            while($row=$results->fetch_object()){
111.        ?>
112.    <tr>
113.      <td align="center"> <input type="checkbox" name="id[]" class=
"one" value="<?=$row->id?>"/></td>
114.      <td align="center"> <?=$row->title?></td>
115.      <td align="center"> <?=getnewsclass($row->cid)?></td>
116.      <td align="center"> <?=$row->hits?></td>
117.      <td align="center"> <?=$row->tofrom?> </td>
118.      <td align="center"> <?=date("y-m-d h:i:s",$row->createtime)?></td>
119.      <td align="center">
120.      <a href="editnews.php?id=<?=$row->id?>">编辑</a> |
121.      <a href="javascript:if(confirm('是否删除该信
息?'))location='action.php?act=delnews&id=<?=$row->id?>';">删除</a> </td>
122.    </tr>
123.    <?php } ?>
124.    <tr>
125.      <td colspan="7">
126.      <input type="button" value="批量删除
" id="delnewsall" class="btnc03 mr15"/>
127.          批量转移动态信息:
128.      <select name="cid">
129.        <?php
130.        $sql="select * from newsclass order by sort ";
131.        $results2 = $conn -> query($sql);
132.        while($row2 = $results2 -> fetch_object()){
133.        ?>
134.
      <option value="<?=$row2->id?>"><?=$row2->classname?></option>
```

```
135.            <?php } ?>
136.         </select>
137.         <input type="button" value="转移
" id="movenewsall" class="btnf60 mr15"/>
138.         批量复制：
139.         <select name="cid2">
140.            <?php
141.            $sql="select * from newsclass order by sort ";
142.            $results2 = $conn -> query($sql);
143.            while($row2 = $results2 -> fetch_object()){
144.            ?>
145.            <option value="<?=$row2->id?>"><?=$row2->classname?></option>
146.            <?php } ?>
147.         </select>
148.         <input type="button" value="复制
" id="copynewsall" class="btn mr15"/>
149.         <input type="text" name="kw" placeholder="请输入关键
词……" class="inpFlie w300">
150.         <input type="submit" value="搜索" id="searchnews" class="btn9c6"/>
151.      </td>
152.    </tr>
153.    </table>
154.    </form>
155. </div>
```

其中，第 83 行代码设置全选复选框的 id 为 all，循环体中的第 113 行设置每条新闻前的复选框 name 为 id[]，value 为新闻的 id 值；第 115 行显示新闻所属类别，由于数据表中存储的是数字，需要转换成文字，与实现判断管理员权限功能类似，在功能函数库 functions.php 中自定义函数 getnewsclass()，实现数字转换成文字，代码如下：

```
1. function getnewsclass($cid)
2. {
3.    global $conn;
4.    $sql="select classname from newsclass where id=".$cid;
5.    $results = $conn -> query($sql);
6.    $row = $results -> fetch_object();
7.    return $row->classname;
8. }
```

newslist.php 中第 129～135 行和第 140～146 行代码将数据库中的新闻类别检索出来作为下拉菜单的选项，注意画线部分为控制按钮。

分页功能实现可以参考管理员列表分页。下面介绍页面中的复选框选择功能和批量操作传递功能，由 jQuery 代码实现。

编写 jQuery 代码之前需要先引入 jQuery 环境，在 newslist.php 的 head 标签内使用以下代码实现：

```
<script type="text/javascript" src="js/jquery.min.js"></script>
1. <?php include 'inc/conn.php';?>
2. <?php include 'inc/auth.php';?>
3. <!DOCTYPE html PUBLIC "-
//W3C//DTD HTML 4.01 Transitional//EN" "http://www.w3.org/TR/html4/loose.dtd">
```

```
4.  <html>
5.  <head>
6.  <meta http-equiv="Content-Type" content="text/html; charset=UTF-8">
7.  <title>启航纺织网站管理系统</title>
8.  <link href="css/public.css" rel="stylesheet" type="text/css">
9.  <script type="text/javascript" src="js/jquery.min.js"></script>
10. <script type="text/javascript" src="js/global.js"></script>
```

然后可以在以下结构中书写 jQuery 代码：

```
<script>
$(function(){
    要实现的业务逻辑均写在此处
}
</script>
```

当勾选全选复选框时，所有新闻前的复选框全部处于选中状态；取消选择全选复选框时，所有新闻前的复选框也取消选中状态，即新闻前面的复选框状态取决于全选复选框，因此可以编写如下 jQuery 代码：

```
var $checkAll=$('#all');//获取全选复选框状态
var $checkOne = $("input[name='id[]']");//获取所有新闻前面的复选框状态
$checkAll.click(function () {
    $checkOne.prop('checked', $(this).prop('checked'));
});
```

我们也可以单独勾选新闻前的复选框，当所有单个复选框都被选中时，全选复选框也处于选中状态；只要有一个单个复选框未选中，全选复选框就取消选中。实现该功能的 jQuery 代码如下：

```
$checkOne.each(function(){
    $(this).click(function(){
    //如果单个新闻复选框被选中
    if($(this).is(':checked')){
     var len=$checkOne.length;
     var num=0;
     //计算选中个数
     $checkOne.each(function(){
       if($(this).is(':checked')){
         num++;
       }
     });
     if(len==num){
        $checkAll.prop("checked",true);
     }
    }else{
        $checkAll.prop("checked",false);
    }
   });
  });
```

批量转移、复制和删除的 jQuery 代码如下：

```
$("input[type='button']").click(function(){
    //选中的 class 类为 one 且类型为 checkbox 的 input 标签个数
```

```
    var len = $("input.one[type='checkbox']:checked").length;
    var action=$(this).attr('id');//将选中标签的id属性值赋值给action
    //有选中的标签，设置form的action属性值并提交表单，否则弹出警告框
    if(len>0){
      $('#form').attr("action","action.php?act="+action);
      $('#form').submit();
    }else{
      alert("请选择需要操作的信息!");
    }
  });
```

在 newslist.php 中添加完整的 jQuery 功能代码如下：

```
11. <script type="text/javascript">
12. $(function(){
13.    var $checkAll=$('#all')
14.    var $checkOne = $("input[name='id[]']");
15.    //全选 全不选
16.    $checkAll.click(function () {
17.      $checkOne.prop('checked', $(this).prop('checked'));
18.    });
19.    //新闻有一个未选中，全选按钮取消选中，否则全选按钮选中
20.    $checkOne.each(function(){
21.      $(this).click(function(){
22.        //如果单个新闻选中
23.        if($(this).is(':checked')){
24.          var len=$checkOne.length;
25.          var num=0;
26.          //计算选中个数
27.          $checkOne.each(function(){
28.            if($(this).is(':checked')){
29.              num++;
30.            }
31.          });
32.          if(len==num){
33.            $checkAll.prop("checked",true);
34.          }
35.        }else{
36.          $checkAll.prop("checked",false);
37.        }
38.      });
39.    });
40.
41.    //批量操作，包含转移、复制、删除
42.    $("input[type='button']").click(function(){
43.      var len = $("input.one[type='checkbox']:checked").length;
44.      var action=$(this).attr('id');
45.      if(len>0){
46.        $('#form').attr("action","action.php?act="+action);
47.        $('#form').submit();
48.      }else{
```

```
49.     alert("请选择需要操作的信息!");
50.   }
51.  });
52.})
53.</script>
```

12.2.2 添加纺织动态

添加纺织动态 addnews.php 界面效果如图 12.6 所示，需要选择类别、填写标题、来源、内容，以及设置是否置顶，其中内容可以使用表单的文本区域控件完成，效果图中的编辑器将在下一小节介绍。

图 12.6 添加纺织动态界面效果图

1. 界面设计

将后台管理功能的代码都写在 action.php 文件中，具体执行的操作根据传递的查询字符串的值确定，这里要进行添加新闻操作，因此将表单的 action 值设置为 action.php?act=addnews，提交方法 method 设置为 post。

新闻类别的下拉菜单选项来自数据表 newsclass，在 12.2.1 节介绍的动态列表的批量操作中也有同样的下拉菜单，代码如下：

```
29.<div class="indexbox">
30. <form action="action.php?act=addnews"  method="post">
```

```
31.    <table width="100%" border="0" cellspacing="0" cellpadding="7" class=
"tablebasic">
32.    <tr>
33.    <td width="200" align="right">动态标题</td>
34.    <td width="*">
35.        <input type="text" name="title" id="title" class="inpflie w500" />
36.    </td>
37.    </tr>
38.    <tr>
39.    <td width="200" align="right">动态类别</td>
40.    <td width="*">
41.        <select name="cid">
42.          <?php
43.          $sql="select * from newsclass order by sort ";
44.          $results2 = $conn -> query($sql);
45.          while($row2 = $results2 -> fetch_object()){
46.          ?>
47.          <option value="<?=$row2->id?>"><?=$row2->classname?></option>
48.          <?php } ?>
49.        </select>
50.    </td>
51.    </tr>
52.    <tr>
53.    <td width="200" align="right">置顶</td>
54.    <td width="*">
55.        <input type="checkbox" name="istop" id="istop" value="1"/>
56.    </td>
57.    </tr>
58.    <tr>
59.    <td width="200" align="right">来源</td>
60.    <td width="*">
61.        <input type="text" name="tofrom" id="tofrom" class="inpflie w500" />
62.    </td>
63.    </tr>
64.    <tr>
65.    <td width="200" align="right">动态详情</td>
66.    <td width="*">
67.      <textarea name="content" id="content" style="width:90%;height:500px;">
68.    </td>
69.    </tr>
70.    <tr>
71.    <td width="200"></td>
72.    <td width="*">
73.        <input type="submit" name="submit" id="submit" class="btn" value="提交" />
74.    </td>
75.    </tr>
76.    </table>
77.    </form>
```

```
78.</div>
```

上文代码表格第二列宽度为"*"，是为了适应响应式页面的需求。

效果图中置顶复选框设置如下，勾选时取值为 1，表示需要置顶：

```
<input type="checkbox" name="istop" id="istop" value="1"/>
```

图中新闻内容使用文本区域 textarea，设置如下，宽度使用百分比表示，也是响应式页面的需求：

```
<textarea name="content" id="content" style="width:90%;height:500px;"></textarea>
```

2. 添加功能实现

添加纺织动态的实现思路为：

（1）获得表单输入数据；

（2）判断有效性；

（3）添加记录到数据表 news。

添加纺织动态实现代码也写入 action.php 页面，其中第 121 行代码 intval()函数用于将表单提交数据（数据类型为文本型）转换成整型数值，如果勾选了置顶，$istop 将得到整型数值 1，否则得到 0。除表单可见的标题、类别、来源、内容和是否置顶外，还有一些表单外的内容，如新闻发布时间、新闻点击次数，其中点击次数在数据表设计中已经设置了默认值为 0，代码中只设置了新闻发布时间，见第 135 行。

action 添加纺织动态 case 代码块如下：

```
115.    case 'addnews':
116.    #添加纺织动态
117.    $title=$_POST['title'];
118.    $cid=$_POST['cid'];
119.    $tofrom=$_POST['tofrom'];
120.    $content=$_POST['content'];
121.    $istop=intval(@$_POST['istop']);
122.    #有效性判断
123.    if($title==""){
124.        echo "<script>alert('动态标题不能为空');history.go(-1);</script>";
125.        die();
126.    }
127.    if($tofrom==""){
128.        echo "<script>alert('来源不能为空');history.go(-1);</script>";
129.        die();
130.    }
131.    if($content==""){
132.        echo "<script>alert('动态详情不能为空');history.go(-1);</script>";
133.        die();
134.    }
135.    $createtime=time();#新闻发布时间
136.    #添加新闻
137.    $sql="insert into news(title,tofrom,content,istop,cid,createtime) values(";
138.        $sql.="'".$title."',";
139.        $sql.="'".$tofrom."',";
140.        $sql.="'".$content."',";
```

```
141.    $sql.="$istop,$cid,$createtime";
142.    $sql.=")";
143.    $results = $conn -> query($sql) or die("失败");
144.    echo "<script>alert('添加成功
');location.href='newslist.php';</script>";
145.    break;
```

12.2.3 编辑器

前面虽然已经实现了添加纺织动态功能，但是在文本区域内只能书写简单的内容，为了满足图文并茂的需求，我们需要使用一个编辑器来实现，网络上类似的编辑器很多，这里使用 kindeditor 编辑器，这是一款开源的网页编辑器，读者可以自行下载资源包。

将 kindeditor 编辑器复制到后台 admin/js 目录下，参考 kindeditor 编辑器自带的 examples 中的编辑器效果，套用到 addnews.php，如参考 kindeditor/examples/ default.html 页面，该页面编辑器代码引用了 default.css、kindeditor-min.js 和 zh_CN.js，还编写了一段功能代码。我们在 addnews.php 头部添加以下代码，引用 css 和 js 时需要注意项目路径关系。另外第 19 行代码的画线部分 name 的值必须与表单中要使用编辑器的文本区域的名称保持一致，表示该文本区域要使用编辑器效果。

```
6.  <head>
7.  <meta http-equiv="Content-Type" content="text/html; charset=UTF-8">
8.  <title>启航纺织网站管理系统</title>
9.  <meta name="Copyright" content="Douco Design." />
10. <link href="css/public.css" rel="stylesheet" type="text/css">
11. <script type="text/javascript" src="js/jquery.min.js"></script>
12. <script type="text/javascript" src="js/global.js"></script>
13. <link rel="stylesheet" href="../js/kindeditor/themes/default/default.css" />
14. <script charset="utf-8" src="../js/kindeditor/kindeditor-min.js"></script>
15. <script charset="utf-8" src="../js/kindeditor/lang/zh_CN.js"></script>
16. <script>
17.     var editor;
18.     KindEditor.ready(function(K) {
19.       editor = K.create('textarea[name="content"]', {
20.         allowFileManager : true
21.       });                              必须和表单中文本区域的名称一致
22.     });
23. </script>
24. </head>
```

刷新页面，可以查看编辑器效果，并使用上面的功能，如上传图片等，这样就可以轻松编辑出图文并茂的新闻内容。

12.2.4 编辑纺织动态

单击纺织动态列表中的"编辑"链接，可以打开编辑纺织动态页 editnews.php，效果如图 12.7 所示。

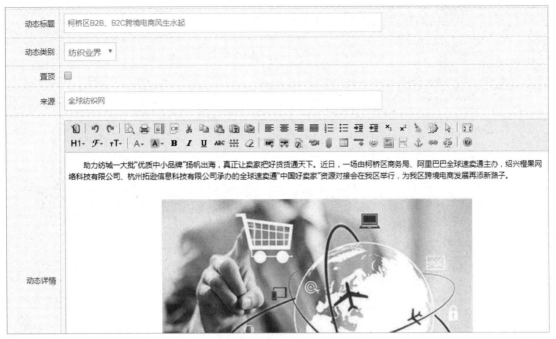

图 12.7　编辑纺织动态界面效果

1. 界面设计

编辑纺织动态界面与添加纺织动态界面类似，可以在 addnews.php 基础上进行修改，将 addnews.php 另存为 editnews.php，将表单 action 值修改为 action.php?act=editnews。该页通过纺织动态列表页"编辑"链接传递的 id，检索出新闻内容，并在表单中显示出来。

获得 id 并以此为条件检索所编辑的纺织动态，代码如下：

```php
1.  <?php include 'inc/conn.php';?>
2.  <?php include 'inc/auth.php';?>
3.  <?php
4.  $id=$_GET['id'];
5.  $sql="select * from news where id=$id";
6.  $results = $conn -> query($sql);
7.  $row = $results -> fetch_object();
8.  ?>
```

上述代码将检索结果（有且仅有一条记录）作为对象返回到$row 中，只需在表单中输出对应内容即可，如在动态标题对应的文本框中，将 value 值设置为<?=$row->title?>即可输出动态标题。编辑动态表单的代码如下：

```html
1.  <div class="indexBox">
2.  <form action="action.php?act=editnews"  method="post">
3.    <table width="100%" border="0" cellspacing="0" cellpadding="7" class="tableBasic">
4.    <tr>
5.    <td width="200" align="right">动态标题</td>
6.    <td width="*">
7.      <input type="text" value="<?=$row->title?>" name="title" id="title" class="inpFlie w500" />
8.    </td>
```

```
9.        </tr>
10.       <tr>
11.       <td width="200" align="right">动态类别</td>
12.       <td width="*">
13.          <select name="cid">
14.             <?php
15.             $sql="select * from newsclass order by sort ";
16.             $results2 = $conn -> query($sql);
17.             while($row2 = $results2 -> fetch_object()){
18.             ?>
19.             <option value="<?=$row2->id?>" <?php if($row->cid==$row2->id)
{echo 'selected="selected"';}?>><?=$row2->classname?></option>
20.
21.             <?php } ?>
22.          </select>
23.       </td>
24.    </tr>
25.       <tr>
26.       <td width="200" align="right">置顶</td>
27.       <td width="*">
28.          <input type="checkbox" name="istop" id="istop" value=
"1" <?php if($row->istop==1){echo 'checked="checked"';}?>/>
29.       </td>
30.    </tr>
31.       <tr>
32.       <td width="200" align="right">来源</td>
33.       <td width="*">
34.          <input type="text" value="<?=$row->tofrom?>" name="tofrom" id=
"tofrom" class="inpflie w500" />
35.       </td>
36.    </tr>
37.       <tr>
38.       <td width="200" align="right">动态详情</td>
39.       <td width="*">
40.          <textarea name="content" id="content" style="width:90%;
height:500px;"> <?=$row->content?> </textarea>
41.    </td>
42. </tr>
43. <tr>
44. <td width="200"></td>
45. <td width="*">
46.    <input type="hidden" name="id" value="<?=$row->id?>"/>
47.    <input type="submit" name="submit" id="submit" class="btn" value="提交
" />
48. </td>
49. </tr>
50.</table>
51.</form>
52.</div>
```

第 19 行代码将所编辑的新闻所属类别用 selected="selected"属性选中显示；同样实现置顶功能的第 28 行代码，如果所编辑新闻的 istop 值为 1，则使用 checked="checked"属性在表单的复选框中勾选；注意第 40 行编辑器内容输出与 input 标签内容输出的区别，文本区域内容写在<textarea></textarea>标签中间，而 input 标签内容在标签内使用 value 属性设置值；最后注意增加第 46 行的隐形控件传递 id。

2. 编辑功能实现

纺织动态的内容均可以重新编辑修改，其实现思路与编辑管理员功能类似：

1）获得表单输入数据；

2）判断有效性；

3）更新记录。

编辑纺织动态实现的代码也写入 action.php 页面，编辑纺织动态功能 case 语句块代码如下：

```
149.    case 'editnews':
150.    #   编辑动态
151.    #   获得表单数据
152.    $title=$_POST['title'];
153.    $cid=$_POST['cid'];
154.    $tofrom=$_POST['tofrom'];
155.    $content=$_POST['content'];
156.    $id=$_POST['id'];
157.    $istop=intval(@$_POST['istop']);
158.    #   验证有效性
159.    if($title==""){
160.        echo "<script>alert('动态标题不能为空');history.go(-1);</script>";
161.        die();
162.    }
163.    if($tofrom==""){
164.        echo "<script>alert('来源不能为空');history.go(-1);</script>";
165.        die();
166.    }
167.    if($content==""){
168.        echo "<script>alert('动态详情不能为空');history.go(-1);</script>";
169.        die();
170.    }
171.    #   更新数据命令
172.    $sql="update news set ";
173.    $sql.=" title = '".$title."',";
174.    $sql.=" tofrom = '".$tofrom."',";
175.    $sql.=" content = '".$content."',";
176.    $sql.=" cid = $cid,";
177.    $sql.=" istop = $istop ";
178.    $sql.=" where id=$id ";
179.    #     执行命令并给出提示
180.    $results = $conn -> query($sql) or die("失败");
181.    echo "<script>alert('修改成功
');location.href='newslist.php';</script>";
```

```
182.        break;
```

12.2.5 删除纺织动态

根据纺织动态列表传递的查询字符串 action.php?act=delnews&id=<?=$row['id']?>，可以在 action.php 中编写代码实现删除新闻功能，删除纺织动态功能 case 语句块代码如下：

```
183.        case 'delnews':
184.        # 删除动态
185.        $id=$_GET['id'];
186.        $sql="delete from news where id=$id";
187.        $results = $conn -> query($sql) or die("失败");
188.        echo "<script>alert('删除成功
');location.href='newslist.php';</script>";
189.        break;
```

这里的删除功能只能删除一条新闻，实现批量删除功能需要进一步编程。

12.2.6 批量删除纺织动态

在纺织动态列表中勾选多条新闻，再单击"批量删除"按钮即可同时删除多条新闻，批量删除的控件代码如下：

```
<input type="button" value="批量删除" id="delnewsall" class="btnc03 mr15"/>
```

根据前面的 jQuery 代码，单击按钮后会跳转到 action.php?act=delnewsall，act 的值为按钮控件的 id 值。

纺织动态列表 newslist.php 中新闻前面复选框的 name 为 id[]，后面加方括号[]是 php 获取多个复选框的值的规定写法，通过$_POST['id']获取选中新闻的 id 数组，将该数组范围内的新闻同时删除即可实现批量删除。Mysql 使用 in 操作符实现多个值判断，语法如下：

```
select 字段列表 from 表名 where 列名 in (value1,value2,...)
```

in 语句后面的括号中是使用逗号分隔的多个值，因此实现批量删除功能需要使用 implode("间隔符",数组)函数将获取的 id 数组转换为字符串，批量删除纺织动态 case 语句块的代码如下。

```
190.        case 'delnewsall':
191.        # 批量删除动态
192.        $id=$_POST['id'];
193.        $ids=implode(",",$id);
194.        //implode("间隔符",数组)---将数组转换为字符串
195.        //die();
196.        // in (范围)
197.        // in (15,21,35)
198.        $sql="delete from news where id in ($ids)";
199.        $results = $conn -> query($sql) or die("失败");
200.        echo "<script>alert('删除成功
');location.href='newslist.php';</script>";
201.        break;
```

12.2.7 批量转移纺织动态

在纺织动态列表页勾选多条动态，选择目标新闻类别，单击批量转移按钮实现新闻批量转移功能。

只要将选中新闻的新闻类别修改为目标新闻类别即可实现这个功能，纺织动态批量转移case 语句块代码如下：

```
202.    case 'movenewsall':
203.    # 批量转移动态
204.    $id=$_POST['id'];
205.    $cid=$_POST['cid'];
206.    $ids=implode(",",$id);
207.    $sql="update news set cid=$cid where id in ($ids)";
208.    $results = $conn -> query($sql) or die("失败");
209.    echo "<script>alert('转移成功');location.href='newslist.php';</script>";
210.    break;
```

12.2.8 批量复制纺织动态

批量复制是将选中的纺织动态作为新内容插入到 news 表中，且新闻类别已经指定。我们已经介绍过使用 mysql 中的 insert 语句插入一条记录，使用 insert 插入多条记录的语法如下：

```
insert into 表名([列名],[列名]) values([列值],[列值]),([列值],[列值]),......,([列值],[列值]);
```

可以发现，与插入单条记录的 insert 语句相比，它在 values 后面增加了值的排列，且每条记录值之间使用英文逗号分隔。

由此可以解决批量复制问题，批量复制纺织动态 case 语句块代码如下：

```
211.    case 'copynewsall':
212.    # 批量复制动态
213.    $id=$_POST['id'];
214.    $cid=$_POST['cid2'];
215.    $ids=implode(",",$id);
216.    $sql="select * from news where id in ($ids)";
217.    $results = $conn -> query($sql) or die("失败");
218.    $createtime=time();
219.    $sql="insert into news(title,tofrom,content,cid,createtime) values";
220.    while($row = $results ->fetch_object()){
221.        $sql.="(";
222.        $sql.="'".$row->title."',";
223.        $sql.="'".$row->tofrom."',";
224.        $sql.="'".$row->content."',";
225.        $sql.="$cid,$createtime";
226.        $sql.="),";
227.    }
228.    $sql=substr($sql, 0, -1);//删除最后的逗号
229.    $conn -> query($sql) or die("失败");
230.    echo "<script>alert('复制成功');location.href='newslist.php';</script>";
```

```
231.        break;
```

值得注意的是，复制到新类别下的纺织动态的发布时间必须是当前操作时间，不能与原记录发布时间相同，第 218 行代码用来获取当前时间。第 222～226 行代码生成的$sql 命令的结尾是逗号"，"，直接操作会报错，必须删除最后的逗号。第 228 行使用了 substr()函数，用于在字符串中截取匹配的子串，具体语法如下：

```
substr(string,start[,length])
```

其中参数 string 为必选项，表示需要处理的原字符串；参数 start 为必选项，表示开始截取子串的位置，从 0 开始编号，如果为正数，表示从左往右计数；如果为负数，表示从右往左计数；参数 length 为可选项，表示要截取的子串长度，如果没有定义 length 参数，表示选取长度到原字符串的结尾为止，如果是正数表示从左向右读取字符，如果为负数表示从右向左读取字符。

下面的语句可以帮助理解 substr()函数的用法：

```
$newstr1 = substr("I like PHP", 2); // 返回 "like PHP"
$newstr2 = substr("I like PHP", -2); // 返回 "HP"
$newstr3 = substr("I like PHP", 0, 2); // 返回 "I " 含空格
$newstr4 = substr("I like PHP", 0, -1); // 返回 "I like PH"
$newstr5 = substr("I like PHP", 2,2); // 返回 "li"
$newstr6 = substr("I like PHP", 2, -1); // 返回 "like PH"
$newstr7 = substr("I like PHP", -2,2); // 返回 "HP"
$newstr8 = substr("I like PHP", -2,-1); // 返回 "H"
```

至此纺织动态管理（新闻管理）功能已经全部完成。

12.2.9　巩固练习

1. 完成启航网站新闻（纺织动态）管理功能。
2. 根据课件提供的模板，参考管理员管理功能的实现，完成产品类别管理功能。
3. 完成拓展网站新闻管理功能。

12.3　产品管理

12.3.1　产品列表

后台产品列表 productlist.php 页面效果如图 12.8 所示，内容与后台纺织动态列表类似，显示内容为产品相关信息。

产品列表循环体部分的代码如下：

```
34.<form name="" id="form" action="productlist.php" method="post">
35.    <table width="100%" border="0" cellspacing="0" cellpadding="7" class=
"tableBasic">
36.      <tr>
37.       <th width="50" ><input type="checkbox" id="all">全选</th>
38.       <th width="20%">产品名称</th>
39.       <th width="10%">产品类型</th>
40.       <th width="20%">缩略图</th>
41.       <th width="15%">置顶</th>
42.       <th width="15%">访问量</th>
43.       <th width="13%">操作</th>
```

```
44.      </tr>
45.      <?php
46.        $page=intval(@$_GET['page']);//获取当前页次
47.        $pagesize=15;//设置每页显示的记录条数
48.        $kw=@$_REQUEST['kw'];//$_REQUEST($_GET,$_POST)
49.        $condition=" where 1=1 ";
50.        $param="";
51.        if($kw!=""){
52.          $condition.=" and name like '%".$kw."%'";
53.          $param.="kw=$kw&";
54.        }
55.        $sql="select id from product $condition";
56.        $results = $conn -> query($sql) or die("执行命令失败");
57.        $count = $results -> num_rows;
58.        $maxpage=ceil($count/$pagesize);
59.        if($page>$maxpage){$page=$maxpage;}
60.        if($page<1){ $page=1;}
61.        $start=($page-1)*$pagesize;
62.        $sql="select name,cid,hits,istop,image,
id from product $condition order by id desc limit $start,$pagesize";
63.        $results = $conn -> query($sql) or die("执行命令失败2");
64.        while($row=$results->fetch_object()){
65.      ?>
66.      <tr>
67.      <td align="center"> <input type="checkbox" name="id[]" class=
"one" value="<?=$row->id?>"/></td>
68.      <td align="center"> <?=$row->name?></td>
69.      <td align="center"> <?=getproductclass($row->cid)?></td>
70.      <td align="center"> <img src="<?=$row->image?>" style=
"width:160px;height:120px;"/></td>
71.      <td align="center"> <?php if($row->istop==1){echo '<img src=
"../images/mark1.png"/>';}?> </td>
72.      <td align="center"> <?=$row->hits?></td>
73.      <td align="center">
74.      <a href="editproduct.php?id=<?=$row->id?>">编辑</a> |
75.      <a href="javascript:if(confirm('是否删除该信
息?'))location='action.php?act=delproduct&id=<?=$row->id?>';">删除</a> |
76.      <?php if($row['istop']==1){   ?>
77.      <a href="action.php?act=istop&v=0&id=<?=$row->id?>">取消置顶</a>
78.      <?php }else{ ?>
79.      <a href="action.php?act=istop&v=1&id=<?=$row->id?>">设置置顶</a>
80.      <?php } ?>
81.      </td>
82.
83.</tr>
84.      <?php } ?>
85.      <tr>
```

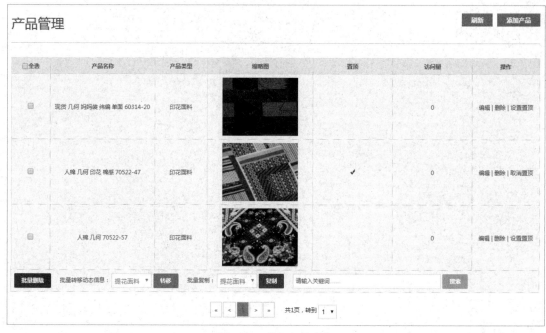

图 12.8　后台产品列表

第 69 行代码原理与获取新闻类别相同，把数字类别转换成文字，需要在函数库文件 functions.php 中定义函数 getproductclass()，代码如下：

```
1.  /***************
2.  getproductclass() 动态类别
3.  $cid            类别 ID
4.  ***************/
5.  function getproductclass($cid)
6.  {
7.      global $conn;
8.      $sql="select classname from productclass where id=".$cid;
9.      $results = $conn -> query($sql);
10.     $row = $results -> fetch_object();
11.     return $row->classname;
12. }
```

产品列表循环体代码中的第 71 行代码用于判断是否置顶，如果置顶则在此处输出一个内容为"√"的 mark1.png 图片，第 76～80 行代码用于根据置顶情况输出不同的操作指令，即对于置顶的产品，显示取消置顶的链接；相反，如果原来不是置顶的产品，则显示设置置顶的链接，即可无须进入编辑页面设置置顶情况。

productlist.php 页面中批量操作的按钮 id 命名与 newslist.php 的 id 命名保持一致，代码如下：

```
<input type="button" value="批量删除" id="delproductall" class="btnc03 mr15"/>
<input type="button" value="转移" id="moveproductall" class="btnf60 mr15"/>
<input type="button" value="复制" id="copyproductall" class="btn mr15"/>
```

12.3.2　添加产品

1．界面设计

添加产品 addproduct.php 界面效果如图 12.9 所示，与添加纺织动态相比，主要增加了一个上传缩略图的功能。

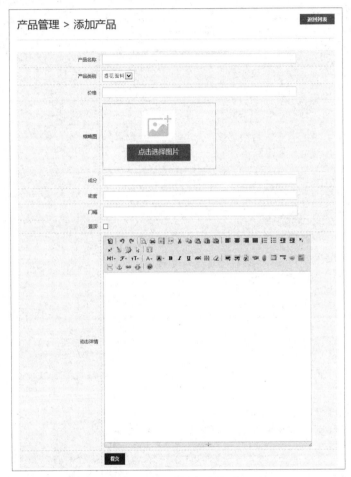

图 12.9　添加产品界面

添加产品的表单 action 设置为 action.php?act=addproduct，表单内产品名称对应控件名为 name="name"，产品类别对应控件名为 name="cid"，价格对应控件名为 name="price"，成分对应控件名为 name="chengfen"，密度对应控件名为 name="midu"，门幅对应控件名为 name="menfu"，置顶对应控件名为 name="istop"，产品详情对应控件名为 name="content"，产品缩略图通过单击"点击选择图片"按钮上传，并可以在上传后显示缩略图，而数据表需要接收的是一个隐藏域上传到服务器的图片路径，界面中并没有显示出来。实现添加产品表单功能的部分代码如下，其中红色框内是实现上传图片功能的代码。

```
44.<form action="action.php?act=addproduct"  method="post">
45.  <table width="100%" border="0" cellspacing="0" cellpadding="7" class=
"tableBasic">
```

```
46.    <tr>
47.    <td width="200" align="right">产品名称</td>
48.    <td width="*">
49.        <input type="text" name="name" id="name" class="inpFlie w500" />
50.    </td>
51.    </tr>
52.    <tr>
53.    <td width="200" align="right">产品类别</td>
54.    <td width="*">
55.        <select name="cid">
56.        <?php
57.        $sql="select * from productclass order by sort ";
58.        $results2 = $conn -> query($sql);
59.        while($row2 = $results2 -> fetch_object()){
60.        ?>
61.        <option value="<?=$row2->id?>"><?=$row2->classname?></option>
62.        <?php } ?>
63.        </select>
64.    </td>
65.    </tr>
66.    <tr>
67.    <td width="200" align="right">价格</td>
68.    <td width="*">
69.        <input type="text" name="price" id="price" class="inpFlie w500" />
70.    </td>
71.    </tr>
72.    <tr>
73.    <td width="200" align="right">缩略图</td>
74.    <td width="*">
75.        <img src="images/upimg.jpg" id="upimg" style="border:1px #999 dashed;
cursor:pointer;"/>
76.        <span id="imglist"></span>
77.        <input type="hidden" id="image" name="image" />
78.    </td>
79.    </tr>
80.    <tr>
81.    <td width="200" align="right">成分</td>
82.    <td width="*">
83.        <input type="text" name="chengfen" id="chengfen" class=
"inpFlie w500" />
84.    </td>
85.    </tr>
86.    <tr>
87.    <td width="200" align="right">密度</td>
88.    <td width="*">
89.        <input type="text" name="midu" id="midu" class="inpFlie w500" />
90.    </td>
91.    </tr>
92.    <tr>
```

```
93.    <td width="200" align="right">门幅</td>
94.    <td width="*">
95.       <input type="text" name="menfu" id="menfu" class="inpFlie w500" />
96.    </td>
97.    </tr>
98.    <tr>
99.    <td width="200" align="right">置顶</td>
100.      <td width="*">
101.         <input type="checkbox" name="istop" id="istop" value="1"/>
102.      </td>
103.    </tr>
104.      <tr>
105.      <td width="200" align="right">产品详情</td>
106.      <td width="*">
107.         <textarea name="content" id="content" style="width:90%;height:
500px;"> </textarea>
108.    </td>
109.    </tr>
110.    <tr>
111.    <td width="200"></td>
112.    <td width="*">
113.       <input type="submit" name="submit" id="submit" class="btn" value="提交
" />
114.    </td>
115.    </tr>
116.    </table>
117.    </form>
```

2. 图片上传

至此已经可以在 kindeditor 编辑器中实现单图或多图上传图片，使详细内容图文并茂，这里的产品缩略图也可以调用 kindeditor 编辑器的上传图片功能。上传图片效果如图 12.10 所示，单击蓝色"点击选择图片"按钮，弹出上传图片窗口，上传成功后图片将显示在灰色虚线框右侧，并将该图片在服务器上的路径写入隐藏字段。

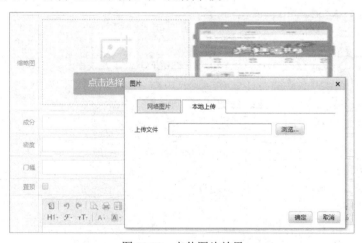

图 12.10　上传图片效果

　　注意添加产品表单代码中线框内缩略图对应的代码，第 75 行代码用来显示蓝色按钮灰色虚线框的图片，该图片的 id 为 upimg；第 76 行代码用来显示上传成功的图片位置，id 为 imglist；第 77 行代码是隐藏域，id 为 image，用户获取图片地址并提交到处理页面 action.php。这里的 id 值是 jQuery 中查找元素的依据。

　　上传图片使用 jQuery 代码来实现，在 addproduct.php 页面头部添加 jQuery 代码，注意需要先引入 jQuery 环境，第 9 行代码实现 jQuery 环境的引入；使用编辑器需要先引入第 12 行的样式及第 13～14 行的 js；第 17～18 行代码用来引入编辑器；图片上传部分是第 22～33 行代码，表示单击 id 为 upimg 的对象时会调用编辑器 image 插件，弹出上传对话框，单击"上传"按钮后，会把图片路径写入 id 为 image 的对象，在 id 为 imglist 的对象中插入该图片，完成后隐藏对话框。这段代码是上传图片后将图片和路径回传到网页中，上传功能由编辑器完成，需要注意的是画线部分的 id 名必须与表单中的 id 名一一对应。实现上传图片功能的 jQuery 代码如下：

```
1.  <?php include 'inc/conn.php';?>
2.  <?php include 'inc/auth.php';?>
3.
4.  <!DOCTYPE html PUBLIC "-
//W3C//DTD HTML 4.01 Transitional//EN" "http://www.w3.org/TR/html4/loose.dtd">
5.  <html>
6.  <head>
7.  <meta http-equiv="Content-Type" content="text/html; charset=UTF-8">
8.  <title>启航纺织网站管理系统</title>
9.  <script type="text/javascript" src="js/jquery.min.js"></script>
10. <script type="text/javascript" src="js/global.js"></script>
11. <link href="css/public.css" rel="stylesheet" type="text/css">
12. <link rel="stylesheet" href="js/kindeditor/themes/default/default.css" />
13.     <script charset="utf-8" src="js/kindeditor/kindeditor-min.js"></script>
14.     <script charset="utf-8" src="js/kindeditor/lang/zh_CN.js"></script>
15.
16.     <script>
17.       var editor;
18.       KindEditor.ready(function(K) {
19.         editor = K.create('textarea[name="content"]', {
20.           allowFileManager : true
21.         });
22.       K('#upimg').click(function() {
23.         editor.loadPlugin('image', function() {
24.           editor.plugin.imageDialog({
25.             imageUrl : K('#image').val(),
26.             clickFn : function(url, title, width, height, border, align) {
27.               K('#image').val(url);
28.               $('#imglist').html('<img src="'+url+'" style=
"width:298px;height:169px;"/>');
29.                 editor.hideDialog();
30.             }
31.           });
32.         });
33.       });
```

```
34.        });
35.    </script>
36. </head>
```

3. 添加产品功能实现

添加产品功能的实现的思路与其他添加功能相似，实现添加产品功能的 case 语句块代码如下：

```
287.   case 'addproduct':
288. # 添加产品
289. $name=$_POST['name'];
290. $cid=$_POST['cid'];
291. $image=$_POST['image'];
292. $content=$_POST['content'];
293. $chengfen=$_POST['chengfen'];
294. $menfu=$_POST['menfu'];
295. $midu=$_POST['midu'];
296. $price=$_POST['price'];
297. $istop=intval(@$_POST['istop']);
298. # 有效性判断
299. if($name==""){
300.     echo "<script>alert('产品名称不能为空');history.go(-1);</script>";
301.     die();
302. }
303. if($price==""){
304.     echo "<script>alert('价格不能为空');history.go(-1);</script>";
305.     die();
306. }
307. if($image==""){
308.     echo "<script>alert('缩略图不能为空');history.go(-1);</script>";
309.     die();
310. }
311. if($content==""){
312.     echo "<script>alert('产品详情不能为空');history.go(-1);</script>";
313.     die();
314. }
315. $createtime=time();
316. # 添加到数据表
317. $sql="insert into product(name,image,content,chengfen,menfu,midu,cid,price,istop,createtime) values(";
318. $sql.="'".$name."',";
319. $sql.="'".$image."',";
320. $sql.="'".$content."',";
321. $sql.="'".$chengfen."',";
322. $sql.="'".$menfu."',";
323. $sql.="'".$midu."',";
324. $sql.="$cid,$price,$istop,$createtime";
325. $sql.=")";
326. $results = $conn -> query($sql) or die("失败");
```

```
327.    echo "<script>alert('添加成功
');location.href='addproduct.php';</script>";
328.    break;
```

12.3.3 编辑产品

单击产品列表中的"编辑"链接，可以打开编辑产品界面 editproduct.php，效果如图 12.11 所示。

图 12.11 编辑产品界面效果图

1. 界面设计

编辑产品的界面与添加产品界面类似，因此可以在 addproduct.php 基础上进行修改，将 addproduct.php 另存为 editproduct.php，将表单 action 值修改为 action.php?act=editproduct。该界面通过产品列表页"编辑"链接传递的 id，检索出产品内容，并在表单中显示出来。

获取 id 并以此为条件检索所编辑的产品信息，代码如下：

```
$id=$_GET['id'];
$sql="select * from product where id=$id";
$results = $conn -> query($sql);
$row = $results -> fetch_object();
```

编辑产品表单中缩略图显示部分的代码如下，将检索出来的路径$row['image']在第 81 行作为图片 src 属性值在网页显示效果图，第 82 行作为隐藏域的值，如果用户不再上传新的图片，路径就保留原来的值，如果重新上传图片会使用新的图片路径覆盖隐藏域的值，准备提交给数据处理页面 action.php。表单内其余内容输出可以参考 editnews.php，完成 editprodut.php 的表单，最后添加隐藏域 id，追踪处理同一条记录。

```
77. <tr>
78.    <td width="200" align="right">缩略图</td>
79.    <td width="*">
80.       <img src="images/upimg.jpg" id="upimg" style=
"border:1px #999 dashed;cursor:pointer;"/>
81.       <span id="imglist"><img src="<?=$row->image?>" style=
"width:298px;height:169px;"/></span>
82.       <input type="hidden" id="image" name="image" value=
"<?=$row->image?>"/>
83.    </td>
84. </tr>
```

2. 编辑产品实现

编辑产品思路通过获得表单数据、判断有效性、更新数据表三个步骤实现。在 action.php 文件中编写编辑产品的 case 语句，代码如下：

```
329.    case 'editproduct':
330.    # 编辑产品
331.    $name=$_POST['name'];
332.    $cid=$_POST['cid'];
333.    $image=$_POST['image'];
334.    $content=$_POST['content'];
335.    $chengfen=$_POST['chengfen'];
336.    $menfu=$_POST['menfu'];
337.    $midu=$_POST['midu'];
338.    $price=$_POST['price'];
339.    $istop=intval(@$_POST['istop']);
340.    $id=$_POST['id'];
341.    if($name==""){
342.        echo "<script>alert('产品名称不能为空');history.go(-1);</script>";
343.        die();
344.    }
345.    if($price==""){
346.        echo "<script>alert('价格不能为空');history.go(-1);</script>";
347.        die();
348.    }
349.    if($image==""){
350.        echo "<script>alert('缩略图不能为空');history.go(-1);</script>";
351.        die();
352.    }
353.    if($content==""){
354.        echo "<script>alert('产品详情不能为空');history.go(-1);</script>";
355.        die();
356.    }
357.    $sql="update product set ";
358.    $sql.=" name='".$name."',";
359.    $sql.=" image='".$image."',";
```

```
360.    $sql.=" content='".$content."',";
361.    $sql.=" chengfen='".$chengfen."',";
362.    $sql.=" menfu='".$menfu."',";
363.    $sql.=" midu='".$midu."',";
364.    $sql.=" cid=$cid,";
365.    $sql.=" price=$price,";
366.    $sql.=" istop=$istop";
367.    $sql.=" where id=$id";
368.    $results = $conn -> query($sql) or die("失败");
369.    echo "<script>alert('编辑成功
');location.href='productlist.php';</script>";
370.    break;
```

12.3.4　删除产品

根据产品列表传递的查询字符串　action.php?act=delproduct&id=<?=$row['id']?>，在 action.php 中编写代码实现删除产品功能，case 语句块代码如下：

```
238.    case 'delproduct':
239.    # 删除
240.    $id=$_GET['id'];
241.    $sql="delete from product where id=$id";
242.    $results = $conn -> query($sql) or die("失败");
243.    echo "<script>alert('删除成功
');location.href='productlist.php';</script>";
244.    break;
```

12.3.5　置顶设置

产品的置顶可以在产品编辑中设置，我们在产品列表界面设计了快捷操作方式，不进入编辑界面即可实现产品置顶或取消置顶。

前面提到过，在产品列表中会根据当前产品的置顶情况，输出"设置置顶"或"取消置顶"链接，代码如下：

```
<?php if($row->istop==1){ ?>
    <a href="action.php?act=istop&v=0&id=<?=$row->id?>">取消置顶</a>
    <?php }else{ ?>
    <a href="action.php?act=istop&v=1&id=<?=$row->id?>">设置置顶</a>
<?php } ?>
```

我们只要获得查询字符串 v 和 id 的值，即可完成置顶设置，产品列表设置置顶的 case 语句块代码如下：

```
371.    case 'istop':
372.    # 设置置顶
373.    $v=$_GET['v'];
374.    $id=$_GET['id'];
375.    $sql ="update product set istop=$v where id=$id";
376.    $results = $conn -> query($sql) or die("失败");
377.    echo "<script>alert('设置成功
');location.href='productlist.php';</script>";
```

378.　**break;**

12.3.6　巩固练习

1．完成启航网站产品管理中的添加、编辑、删除功能；
2．完成启航网站在产品列表页实现置顶设置功能；
3．参考纺织动态管理的批量操作，完成产品的批量转移、批量复制和批量删除功能。

12.4　订单管理

12.4.1　产品预订列表

管理员在后台产品预订列表 orderlist.php 页面管理客户在网站前台订购的产品，效果如图 12.12 所示，按下单时间先后顺序显示所有订单记录，最新的订单显示在最前面，每个订单信息包括订单号、下单时间和订单状态，以及该订单的商品名称、缩略图、单价、购买数量和所购产品价格小计等内容。

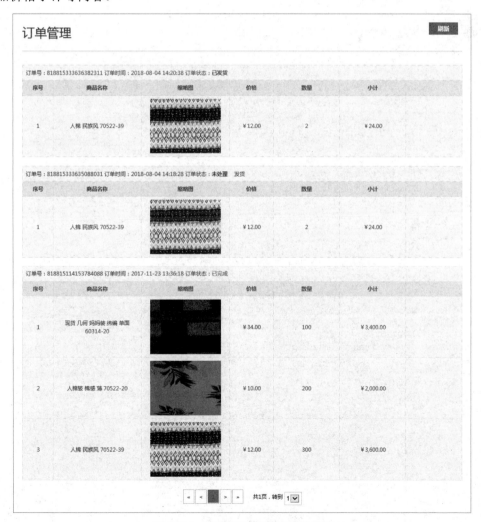

图 12.12　产品预订管理列表效果图

在该页面中，管理员通过订单信息，模拟发货过程，并修改订单状态。页面中将显示 3 种订单状态：未处理、已发货和已完成，由订单列表 orderlist 的 status 字段值确定状态，当值为 0 时，表示订单未处理；当值为 1 时，表示订单已发货；当值为 2 时，表示订单已完成。

整个订单流程如下：

1）客户下单，此时 status 值为 0；

2）厂方（指定管理员）发货，status 值为 1；

3）客户确认收货，status 值为 2。

一个产品订单可以包含多个产品，如图 12.12 所示的第 3 个订单，包含三个产品信息，这三个产品在数据表 orderlist 中有相同的订单号，在产品订单列表中需要按订单号分组检索，并根据订单号为第一排序关键字，下单时间为第二排序关键字进行排序。排序规则有升序 asc 和降序 desc，默认为升序 asc。mysql 分组检索并排序的语法如下：

```
select 列名 from 表名 where 条件表达式 group by 列名 order by 第一关键字 asc|desc,第二关键字 asc|desc
```

后台产品订单列表实现代码如下，第 32 行代码是对分组检索并排序的应用，第 42~53 行代码实现根据 status 显示不同订单状态，第 77 行和第 79 行的 number_format()函数主要用于货币表示，通过千分位分组来格式化数字，保留 2 位小数。

```
17. <div class="indexBox">
18.     <?php
19.             $page=intval(@$_GET['page']);//获取当前页次
20.             $pagesize=15;//设置每页显示的记录条数
21.             $condition=" where 1=1 ";
22.             $param="";
23.             #统计订单数量（按订单号统计）
24.
             $sql="select any_value(id) from orderlist $condition group by order
num";
25.             $results = $conn -> query($sql) or die("执行命令失败");
26.             $count = $results -> num_rows;
27.             $maxpage=ceil($count/$pagesize);
28.             if($page>$maxpage){$page=$maxpage;}
29.             if($page<1){ $page=1;}
30.             $start=($page-1)*$pagesize;
31.             #检索订单信息
32.             $sql="select any_value(ordernum) as ordernum, any_value(createtime)
as createtime, any_value(status) as status
from orderlist $condition group by ordernum order by any_value(createtime) desc li
mit $start,$pagesize";
33.             $results = $conn -> query($sql) or die("执行命令失败 2");
34.             while($row=$results->fetch_object()){
35.         ?>
36.     <table width="100%" border="0" style="margin-
top:20px;" cellspacing="0" cellpadding="7" class="tableBasic">
37.         <tr>
38.         <td colspan="7">
39.         订单号: <?=$row->ordernum?>
40.         订单时间: <?=date("y-m-d h:i:s",$row->createtime)?>
```

```
41.        订单状态: <?php
42.        switch ($row->status) {
43.          case '0':
44.            echo '<b class="red mr15">未处理</b>';
45.            echo '<a href="fahuo.php?ordernum='.$row->ordernum.'">发货</a>';
46.            break;
47.          case '1':
48.            echo '<b class="blue mr15">已发货</b>';
49.            break;
50.          case '2':
51.            echo '<b class="gray mr15">已完成</b>';
52.            break;
53.        }
54.        ?>
55.      </td>
56.    </tr>
57.    <tr>
58.      <th width="50" >序号</th>
59.      <th width="20%">商品名称</th>
60.      <th width="20%">缩略图</th>
61.      <th width="10%">价格</th>
62.      <th width="15%">数量</th>
63.      <th width="15%">小计</th>
64.      <th width="13%"> </th>
65.    </tr>
66.    <?php
67.    #检索该订单内的产品信息
68.    $sql="select name,image,price,num,id from orderlist where ordernum=
'".$row->ordernum."'";
69.    $results2 = $conn -> query($sql) or die("执行命令失败3");
70.    $i=1;
71.    while($row2=$results2->fetch_object()){
72.    ?>
73.    <tr style="text-align:center;">
74.      <td><?=$i?></td>
75.      <td><?=$row2->name?></td>
76.      <td><img src="<?=$row2->image?>" style="width:160px;height:120px;
"/></td>
77.      <td>¥<?=number_format($row2->price,2)?></td>
78.      <td><?=$row2->num?></td>
79.      <td>¥<?=number_format($row2->price*$row2->num,2)?></td>
80.      <td></td>
81.    </tr>
82.    <?php $i++; } ?>
83.    </table>
84. <?php } ?>
85. </div>
86. <div class="page">
```

```
87.     <?php
88.     if($count>0){
89.         echo "<ul>";
90.         pagelist($maxpage,$page,5,$param);
91.         echo "</ul>";
92.     }
93.     ?>
94.   </div>
95. </div>
```

12.4.2　订单处理（发货）

单击订单管理界面的"发货"链接<a href="fahuo.php?ordernum='.$row->ordernum.'">发货</a>，跳转到 fahuo.php 页面，界面效果如图 12.13 所示，可以看到该订单的订单号与收货地址，管理员需要操作的是选择快递和输入快递单号，提交后将订单状态修改为已发货状态。

图 12.13　发货界面

1. 界面设计

发货页面 send.php 首先根据传递的查询字符串值订单号到订单表去检索收货地址，代码如下：

```
$ordernum=$_GET['ordernum'];
$sql="select address from orderlist where ordernum='$ordernum' limit 1";
$results = $conn -> query($sql) or die("执行命令失败");
$row=$results->fetch_object();
```

这里检索结果限制了 1 条记录，我们可能在一个订单中购买了多个产品，每个产品记录都会记录一次收货地址，而事实上我们只需要获取一个收货地址。

发货表单代码如下，数据处理在 action.php 页面进行，订单号和收货地址设置为只读属性，管理员只能选择快递和输入快递单号。

```
1. <?php include 'inc/conn.php';?>
2. <?php include 'inc/auth.php';?>
3. <?php
4.     $ordernum=$_GET['ordernum'];
5.     $sql="select address from orderlist where ordernum='$ordernum' limit 1";
6.     $results = $conn -> query($sql) or die("执行命令失败");
```

```
7.        $row=$results->fetch_object();
8.    ?>
9.    <!doctype html public "-
//w3c//dtd html 4.01 transitional//en" "http://www.w3.org/tr/html4/loose.dtd">
10.  <html>
11.  <head>
12.  <meta http-equiv="content-type" content="text/html; charset=utf-8">
13.  <title>启航纺织网站管理系统</title>
14.  <link href="css/public.css" rel="stylesheet" type="text/css">
15.  <script type="text/javascript" src="js/jquery.min.js"></script>
16.  <script type="text/javascript" src="js/global.js"></script>
17.  </head>
18.  <body>
19.  <div id="dcmain1">
20.  <div id="urhere">启航纺织  管理中心
</div>  <div id="index" class="mainbox" style="padding-
top:18px;height:auto!important;height:550px;min-height:550px;">
21.     <h3><a href="orderlist.php" class="actionbtn">返回列表</a>订单管理 > 发货
</h3>
22.     <div class="indexbox">
23.     <form action="action.php?act=fahuo"  method="post">
24.      <table width="100%" border="0" cellspacing="0" cellpadding=
"7" class="tablebasic">
25.        <tr>
26.        <td width="200" align="right">订单号</td>
27.        <td width="*">
28.           <input type="text" name="ordernum" value="<?=$ordernum?>" id=
"ordernum" class="inpflie w300" readonly="readonly"/>
29.        </td>
30.        </tr>
31.        <tr>
32.        <td width="200" align="right">收货地址</td>
33.        <td width="*">
34.           <input type="text" name="address" value="<?=$row->address?>" id=
"address" class="inpflie w300" readonly="readonly"/>
35.        </td>
36.        </tr>
37.        <tr>
38.        <td width="200" align="right">选择快递</td>
39.        <td width="*">
40.           <select name="kuaidi">
41.             <option value="顺丰">顺丰</option>
42.             <option value="汇通">汇通</option>
43.             <option value="申通">申通</option>
44.           </select>
45.        </td>
46.        </tr>
47.        <tr>
```

```
48.        <td width="200" align="right">快递单号</td>
49.        <td width="*">
50.            <input type="text" name="number" id="number" class=
"inpflie w500" />
51.        </td>
52.      </tr>
53.      <tr>
54.        <td width="200"></td>
55.        <td width="*">
56.            <input type="submit" name="submit" id="submit" class="btn" value="提
交" />
57.        </td>
58.      </tr>
59.      </table>
60.      </form>
61.    </div>
62.  </div>
63.  </div>
64.  </body>
65.  </html>
```

2. 发货功能实现

发货功能的实现思路其实是修改订单状态，将订单状态和订单号更新到订单列表 orderlist 中，其过程如下：

1）获取表单数据；

2）判断有效性；

3）更新数据表 orderlist。

与获取表单数据的过程有所不同，我们并不需要获取表单所有控件值，只需要修改管理员选择的快递和输入的快递单号；并确定把这些信息写入哪个订单中，因此需要获取订单号。发货功能代码如下：

```
380.    case 'fahuo':
381.    # 发货
382.    $ordernum=$_POST['ordernum'];
383.    $kuaidi=$_POST['kuaidi'];
384.    $number=$_POST['number'];
385.    if($number==""){
386.        echo "<script>alert('快递单号不能为空');history.go(-1);</script>";
387.        die();
388.    }
389.    $sql="update orderlist set ";
390.    $sql.=" status=1,";
391.    $sql.=" kuaidi='".$kuaidi."',";
392.    $sql.=" number='".$number."'";
393.    $sql.=" where ordernum='".$ordernum."'";
394.    $results = $conn -> query($sql) or die("失败");
395.    echo "<script>alert('发货成功');location.href='orderlist.php';</script>";
396.    break;
```

至此，后台的订单管理功能已经完成。

12.4.3　订单处理（确认收货）

为了完善订单流程，这里对客户在前台确认收货功能进行简单介绍。

客户登录用户中心进入"我的订单"页面，可以看到自己的订单列表，如图 12.14 所示，不同的订单状态在前台显示的提示有所不同，status 值为 0 时，表示等待卖家发货；status 值为 1 时，表示已发货，需要确认收货；当单击确认收货后，status 值为 2。

我的订单					
	商品信息	商品参数	单价	数量	金额
订单号：818815333636382311　订单时间：2018-08-04 14:20　订单状态：已签收					
	人棉 民族风 70522-39		¥12	2	¥24
订单号：818815333635088031　订单时间：2018-08-04 14:18　订单状态：已发货　确认收货					
	人棉 民族风 70522-39		¥12	2	¥24
订单号：818815333626091415　订单时间：2018-08-04 14:03　订单状态：等待卖家发货					
	现货 几何 妈妈装 纬编 单面 60314-20		¥34	1	¥34

图 12.14　前台客户"我的订单"效果

上图中订单状态部分代码如下：

```
switch ($row2->status) {//$row2->status 为本条记录的状态
    case '0':
        echo '<span class="red mr30">等待卖家发货</span>';
        break;
case '1':
        echo '<span class="green mr30">已发货</span>';
        echo '<a href="member.php?act=orderset&ordernum='.$row2->ordernum.'">确认收
货</a>';
        break;
    case '2':
        echo '<span class="gray mr30">已签收</span>';
        break;
}
```

可见前台订单确认收货的处理提交到了 member.php 页面，根据指令值 act=orderset 和传递的订单号，将该订单状态修改成 2 即可。实现确认收货功能的 case 语句块代码如下：

```
397.    case 'orderset':
398.    # 确认收货
399.    $ordernum=$_POST['ordernum'];
400.    $sql="update orderlist set status=2 ";
401.    $sql.=" where uid=".$_SESSION['uid'];
402.    $sql.=" and ordernum='".$ordernum."'";
403.    $sql.=" and status=1";
404.    $results = $conn -> query($sql) or die("执行确认收货命令失败");
405.    echo "<script>alert('签收成功，正在跳转!
');location.href='orderlist.php';</script>";
406.    break;
```

项目进行到这里，主要功能基本已经介绍完毕，请读者将剩余几个功能作为任务继续完成。

12.4.4　巩固练习

1．产品订单管理

1）完成产品订单管理功能；

2）完成订单发货、收货功能。

2．启航网站后台其他功能

1）完成企业信息管理功能；

2）完成单页面管理功能；

3）完成自定义导航栏管理功能；

4）完成首页幻灯片广告管理功能；

5）完成招聘列表管理功能；

6）完成咨询列表管理功能。

3．总结面向过程开发和面向对象开发连接数据库和操作数据表的差异。

第 5 篇　拓展迁移篇

第 13 章

自定义数据库操作类

13.1 PHP 类的定义

13.1.1 类的定义

在 PHP 中,可以使用 class 关键字加空格和类名的方式定义一个类,然后使用大括号{ } 将类的属性和方法括起来,语法格式如下:

```
<?php
[修饰符] class 类名{ //使用 class 关键字加空格和类名
[成员属性] //也叫作成员变量
[成员方法] //也叫作成员函数
}
?>
```

类名与变量名和函数名的命名规则相似,需要遵循 PHP 中的自定义命名规则。一个合法 类名以字母或下画线开头,后面是若干字母数字或下画线。如果类名由多个单词组成,通常 将每个单词的首字母大写。另外,类名应具有一定的意义和可读性,不是随意的字母组合。 比如,定义一个学生类,可以将类名定义为 "Student"。

```
class Student{


}
```

因为这个类 Student 里面不包含任何内容,叫作空类。

13.1.2 类的成员属性

在类中直接声明的变量称为成员属性(也可以称为成员变量),可以在类中声明多个 变量,即对象可以有多个成员属性,每个变量都存储有对象不同的属性信息。语法格式 如下:

```
访问权限修饰符 属性名称 = 属性值;
修饰符 $变量名[=默认值];
//如: public $name="zhangsanfeng";
```

注意:成员属性不能包括带运算符的表达式、变量、方法或函数调用。

成员属性的类型可以是 PHP 中的标量类型和复合类型,也可以是其他类实例化的对象, 但是在类中使用资源和空类型没有意义。

前面介绍过，声明变量时不需要任何关键字修饰，但是在类中声明成员属性时，变量前面一定要使用一个关键字来修饰，例如 public、private、static 等，这些关键字都具有一定的意义。如果不需要有特定意义的修饰，可以使用"var"关键字，一旦成员属性有其他的关键字修饰就需要删除"var"。

常用访问权限修饰符及其含义如下。

- public：公共的，在类的内部、子类中或者类的外部都可以使用，不受限制；
- protected：受保护的，在类的内部和子类中可以使用，但不能在类的外部使用；
- private：私有的，只能在类的内部使用，在类的外部或子类中都无法使用。

注意：一个类，即一对大括号之间的全部内容必须在一段代码中，即一个<?php ... ?>之间，不能分割成多块。

13.1.3 成员方法

在类中定义的函数被称为成员方法。函数和成员方法的唯一区别是，函数实现的是某个独立的功能，而成员方法是实现类中的一个行为，是类的一部分。成员方法格式如下：

```
[修饰符] function 方法名([参数..]){
[方法体]
[return 返回值]
}
```

修饰符可以是：public、protected、private、static、abstract、final。

声明的成员方法必须与对象相关，不能是没有意义的操作。

```
//下面声明了汽车的成员方法，通常将成员方法声明在成员属性的下面
public function start(){    //汽车发动
    echo "汽车发动";        //方法体
}
public function accelerate (){    //汽车加速
    echo "汽车加速中";        //方法体
}
```

13.1.4 实例化对象

当定义好类后，我们需要使用 new 关键字来生成一个对象。语法格式如下：

```
$对象名称 = new 类名称();
$对象名称 = new 类名称([参数列表]);
```

由于对象封装的特性，对象属性（类中定义的变量）无法由主程序区块直接访问，必须通过对象来调用类中定义的属性和行为函数，间接地达成存取控制类中的目的。

例如定义一个汽车类 Car，类中包含 4 个成员属性：汽车颜色（color）、汽车长度（length）、汽车排量（displacement）、座位数（seats），包含 4 个方法：加速（accelerate）、刹车（brake）、启动（start）、给油（carin），其中 carin 方法定义为受保护的，执行启动方法是调用给油。

```
1. <?php
2. class Car
3. {
4.         public $color;
5.         public $length;
```

```
6.        public $displacement;
7.        public $seats;
8.        public function start()
9.        {
10.           echo '我新买的'.$this->color.'的汽车已经启动';
11.           $this->carin();
12.        }
13.       public function accelerate()
14.       {
15.           echo '汽车加速中……';
16.       }
17.       public function brake()
18.       {
19.           echo '汽车刹车中……';
20.       }
21.       protected function carin()
22.       {
23.           echo '给油中……';
24.       }
25. }
26. ?>
```

实例化汽车类 Car，创建 Car.php 文件，先引入 Car.class.php 类，然后使用 new 关键词实例化该类。

```
1. <?php include 'Car.class.php';?>
2. <?php
3. $car = new Car(); //实例化对象
4. ?>
```

我们可以使用特殊运算符 "->" 来访问对象中的成员属性或成员方法。代码如下：

```
5. <?php
6. $car->color = '红色';
7. $car->start();
8. //输出结果是
9. //我新买的红色的汽车已经启动,给油中……
10. ?>
```

13.2 构造函数和析构函数

13.2.1 类内部对象$this

在 PHP 面向对象编程中，一旦对象被创建，对象中的每个成员方法中都包含一个特殊的对象引用 "$this"。"$this" 代表成员方法所属对象，与连接符->联合使用，用来完成对象内部成员之间的访问，语法如下：

```
……
$this -> 成员属性;
$this -> 成员方法(参数列表);
……
```

比如 Student 类中有一个$name 属性，我们可以在类中使用如下方法来访问$name 成员属性：

```
......
$this -> name;
......
```

注意：在使用$this 访问某个成员属性时，只需要标明属性的名称，不需要$符号。另外，$this 只能在类中使用。

$this 的本质是函数内部的一个局部变量，只是系统自动对其进行赋值，而且一定是调用方法的对象本身。

13.2.2　构造函数（构造方法）

构造函数（constructor method，也称为构造器）是类中的一种特殊函数，当使用 new 关键字实例化一个对象时，程序将会自动调用构造函数。

在 PHP 5 以前版本中，构造函数是一个与其所在类同名的函数。虽然 PHP 5 也支持这种命名方式，但是推荐使用__construct 作为类的构造函数，构造函数无须随类名进行改变。PHP 7 中的构造函数必须使用__construct 来定义。

当对象被创建时，构造函数是类中被自动调用的第一个函数，并且一个类中只能存在一个构造函数。

一旦构造函数拥有形参，则对象在调用该方法时需要传入对应的实参，而构造函数是自动调用的，所以需要在实例化对象时使用 new 类名(构造函数对应的实参列表)来实现。

如实例化一个学生类，需要传入学生姓名和年龄，语句如下：

```
$stu = new Students($name, $age)
```

创建 Students 类构造函数的语法格式如下：

```
public function __construct(参数列表){
   ... ...
}
```

其中，参数列表是可选的，可以省略。

例如需要定义一个数据库操作类，实现代码如下：

```
class Db{
   public $db_host;  //连接地址
   public $db_username;  //连接用户名
   public $db_password;  //连接密码
   public $db_conn;  //数据库连接

   public function __construct($db_host,$db_username,$db_password,$db_name){  //构
造方法赋值
       $this->db_host=$db_host;
       $this->db_username=$db_username;
       $this->db_password=$db_password;
       $this->db_name=$db_name;
       $this->db_getconn();
   }
   public function db_getconn(){  //连接数据库
```

```
        $this->db_conn=
mysql_connect($this->db_host,$this->db_username,$this->db_password);
        if (!$this->db_conn)
        {
            die('Could not connect: ' . mysqli_error());
        }
        mysqli_select_db($this->db_name, $this->db_conn);
    }
}
```

13.2.3 析构函数（析构方法）

PHP 中还提供了一个与构造函数相对应的函数——析构函数。

析构函数的作用与构造函数正好相反，析构函数只有在对象被垃圾收集器收集前（即对象从内存中删除之前）才会被自动调用。析构函数允许我们在销毁一个对象之前执行一些特定的操作，例如关闭文件、释放结果集等。

PHP 中有一种垃圾回收机制，当对象不能被访问时就会自动启动垃圾回收机制，收回对象占用的内存空间。析构函数正是在垃圾回收机制回收对象之前调用的。

析构函数的声明格式与构造函数相似，在类中声明析构函数的名称也是固定的，同样以两个下画线开头的方法命名__destruct()，而且析构函数不能带有任何参数。在类中声明析构方法的格式如下：

```
public function __destruct(){
    ... ...
}
```

析构函数并不是很常用，只有需要时才在类中声明。

13.3 PHP 魔术方法

以两个下画线__开头的命名方法称为魔术方法(Magic methods)，这些方法在 PHP 中起到了举足轻重的作用。PHP 的部分魔术方法如表 13.1 所示。

表 13.1 PHP 的部分魔术方法

名称	描述
__construct()	构造函数，在对象实例化时调用
__destruct()	析构函数
__call()	在对象中调用一个不可访问方法时使用
__get()	访问一个类的成员变量时调用
__set()	设置一个类的成员变量时调用
__isset()	当对不可访问属性调用 isset()或 empty()时使用
__unset()	当对不可访问属性调用 unset()时使用
__sleep()	执行 serialize()时，会先调用这个函数
__wakeup()	执行 unserialize()时，会先调用这个函数
__clone()	当对象复制完成时调用

1. __call()方法

当对象中调用一个不可访问方法时使用。

该方法有两个参数，第一个参数$function_name 会自动接收不存在的方法名，第二个 $arguments 则以数组的方式接收不存在方法的多个参数。其语法格式如下：

```
function __call($function_name, $arguments)
{
    // 方法体
}
```

__call()方法的作用是避免当调用的方法不存在时产生错误而意外导致程序中止。在调用的方法不存在时会自动调用该方法，程序仍会继续执行。

2. __get()方法

获得一个类的成员变量时使用。

在 PHP 面向对象编程中，类的成员属性被设定为"private"后，在类外面调用则会出现"不能访问某个私有属性"的错误。为了解决这个问题，我们可以使用魔术方法__get()，其语法格式如下：

```
function __get($propoty,$value)
{
    // 方法体
}
```

__get()方法的作用是在程序运行过程中，通过它可以在对象的外部获取私有成员属性的值。

3. __set()方法

设置一个类的成员变量时使用。

__set($property,$value) 方法用来设置私有属性，为一个未定义的属性赋值时，该方法会被触发，传递的参数是被设置的属性名和值。__set()方法语法格式如下：

```
function __set($propoty,$value)
{
    // 方法体
}
```

13.4　数据库操作类

数据库操作类一般用于定义数据库增删改查的一些方法，并将数据库链接需要的参数等通过构造函数来进行初始化。本数据库操作类 Model 中定义了单条数据查询、多条数据查询、分页数据查询、分页链接、数据插入、数据更新、数据删除、数据统计等方法。

13.4.1　数据库类定义

1. 成员属性

定义连接数据库服务器需要的属性和其他属性。连接数据库服务器需要使用服务器名、服务器账号、服务器密码、数据库名称和字符集等。参考代码如下：

```
1.  class Model
2.  {
3.      //成员属性
4.      protected $host;    //数据库服务器名称
```

```
5.      protected $user;
6.      protected $pass;
7.      protected $dbname;
8.      protected $charset;
9.      protected $conn;
10.     protected $where;//条件
11.     protected $table;//数据表名称
12.     protected $field;//字段列表
13.     protected $order;// 按照字段排序
14.     protected $limit;
15.     protected $sql;   //最近执行的 SQL
16. }
```

2．构造函数

　　__construct()构造函数将一些初始值赋予成员属性，将数据库参数和方法中需要的变量设置为初始值。构造函数还将完成一些成员方法的调用，例如连接数据库服务器方法，需要在实例化对象时完成连接，所以在构造函数中调用。参考代码如下：

```
17.     public function __construct($config)
18.     {
19.         $this->host = $config['DB_HOST'];
20.         $this->user = $config['DB_USER'];
21.         $this->pass = $config['DB_PASS'];
22.         $this->dbname = $config['DB_NAME'];
23.         $this->charset = $config['DB_CHARSET'];
24.         $this->table = "";
25.         $this->where = "";
26.         $this->field = "*";
27.         $this->order = "";
28.         $this->limit = "";
29.         $this->connect();//调用连接数据库服务器方法
30.     }}
```

3．数据库连接方法

　　connect()方法用于连接数据库服务器，使用 mysqli_connect()函数连接。参考代码如下：

```
31.     /**
32.      * [connect 连接数据库服务器]
33.      */
34.     protected function connect( )
35.     {
36.         $this->conn = @mysqli_connect($this->host,$this->user,$this->pass);
37.         if(!$this->conn){
38.             die('连接数据库服务器失败'.mysqli_connect_error());
39.         }
40.         //更改默认数据库(选择数据库)
41.         mysqli_select_db($this->conn,$this->dbname) or die('未知数据库');
42.         //设置字符集
43.         mysqli_set_charset($this->conn,$this->charset);
44.     }
```

4．获取当前表、当前条件等方法

（1）table 方法

table()方法用来设置当前操作需要的数据表，将数据表参数值赋予 table 成员属性，返回值是当前对象$this，即可实现连续操作。参考代码如下：

```
1.   /**
2.  * [ 设置 表名 ]
3.  * @param string $tablename
4.  * @return Object $this
5.  */
6. public function table($tablename)
7. {
8.     $this->table = $tablename;
9.     return $this;
10.}
```

（2）where 方法

where()方法用来设置当前操作需要的条件，条件与数据表不同，条件在数据操作中是可选项。如果 where()方法中参数不为空，将条件赋值给$where 成员属性。参考代码如下：

```
1.   /**
2.     * [ 设置 条件 ]
3.     * @param string $where
4.     * @return Object $this
5.     */
6.     public function where($where)
7.     {
8.         if(!empty($where)){
9.             $this->where = " where ".$where;
10.        }
11.        return $this;
12.    }
```

（3）order 方法

order()方法用来设置当前操作的排序方式，如果 order()方法中参数不为空，将排序方式赋值给$order 成员属性。参考代码如下：

```
1.   /**
2.     * [ 设置 排序 ]
3.     * @param string $order
4.     * @return Object $this
5.     */
6.     public function order($order)
7.     {
8.         if(!empty($order)){
9.             $this->order = " order by ".$order;
10.        }
11.        return $this;
12.    }
```

（4）field 方法

field()方法用来设置当前操作的查询字段列表，参数值可以是数据表中对应的字段名，名称之间使用逗号隔开，如果需要所有字段，参数值为"*"。参考代码如下：

```
1.  /**
2.  * [ 设置 查询字段列表 ]
3.  * @param String $field
4.  * @return Object $this
5.  */
6. public function field($field)
7. {
8.      $this->field = $field;
9.      return $this;
10. }
```

（5）count 方法

count()方法用来统计数据表中符合条件的记录条数。参考代码如下：

```
2.  /**
3.      * [ count 统计总记录数]
4.      * @return int $count
5.      */
6.     public function count()
7.     {
8.         $sql = "select count(*) as total from ".$this->table.$this->where;
9.         $this->sql = $sql;
10.        $res = mysqli_query($this->conn,$sql);
11.        $count = mysqli_fetch_array($res)['total'];
12.    return $count;
13. }
```

（6）limit 方法

limit()方法用来限制查询结果返回的数量，参数值是需要返回的记录条数，是整数数据类型。参考代码如下：

```
14. / **
15. * [ 设置  ]
16. * @param string $string
17. * @return Object $this
18. */
19. public function limit($string)
20. {
21.    if(!empty($string)){
22.        this->limit = ' limit {$string} ';
23.    }
24.    return $this;
25. }
```

（7）getLastSql 方法

getLastSql ()方法用来返回最近执行的 SQL 语句。参考代码如下：

```
1.  /**
2.  * [ getLastSql 最近执行的 SQL ]
3.  * @return string
4.  */
5. public function getLastSql()
```

```
6. {
7.      return $this->sql;
8. }
```

（8）初始化方法 init

init()方法用来初始化部分成员属性的初始值。参考代码如下：

```
1. /**
2. * [ 初始化 ]
3. */
4. protected function init()
5. {
6.      $this->table = "";
7.      $this->where = "";
8.      $this->field = "*";
9.      $this->order = "";
10.     $this->limit = "";
11. }
```

5. 数据查询方法

（1）单条数据查询 find

find()方法用于查询数据表中符合条件的一条记录。参考代码如下：

```
1. /**
2. * [ find 获取单条记录 ]
3. * @return array  $data
4. */
5. public function find()
6. {
7.      $sql = "select ".$this->field." from ".$this->table.$this->where.
" limit 1 ";
8.      //在成员属性 sql 中存储执行的 SQL 语句
9.      $this->sql = $sql;
10.     $res = mysqli_query($this->conn,$sql);
11.     $data = array();
12.     if($res){
13.         $data = mysqli_fetch_assoc($res);
14.     }
15.     $this->init();
16.     return $data;
17. }
```

（2）多条数据查询 select

select()方法用于查询数据表中符合条件的多条记录。参考代码如下：

```
1. /**
2. * [ select 获取多条数据 ]
3. * @return array      $data
4. */
5. public function select()
6. {
7.      $sql = "select ".$this->field." from ".$this->table.$this->where.$this->
order.$this->limit;
```

```
8.        $this->sql = $sql;
9.        $res = mysqli_query($this->conn,$sql);
10.       $data = array();
11.       if($res){
12.           while($row = mysqli_fetch_assoc($res))
13.           {
14.               $data[] = $row;
15.           }
16.       }
17.       $this->init();
18.       return $data;
19. }
```

（3）分页查询数据 paginate

paginate()方法用于查询数据表中符合条件的多条记录并采用分页显示，返回当前页数据。参考代码如下：

```
1.  /**
2.   * [ paginate 分页查询多条记录]
3.   * @param int $pagesize
4.   * @return array $data
5.   */
6.  public function paginate($pagesize=15)
7.  {
8.       //获取当前页次，并强制取整
9.       $page = intval(@$_GET['page']);
10.      //统计记录条数,调用 count 方法
11.      $count = $this->count();
12.      //计算记录总页数
13.      $maxpage = ceil($count/$pagesize);
14.      //如果当前页次大于总页数，设置当前页次为总页数
15.      if($page >= $maxpage){$page = $maxpage;}
16.      //如果当前页次小于1，设置当前页次为1
17.      if($page < 1 ){$page = 1;}
18.      //计算分页偏移量起始位置
19.      $start = ($page-1)*$pagesize;
20.      $sql = "select ".$this->field." from ".$this->table.$this->where;
21.      $sql .= $this->order." limit {$start},{$pagesize}";
22.      $this->sql = $sql;
23.      $res = mysqli_query($this->conn,$sql);
24.      $data = array();
25.      if($res){
26.          while($row = mysqli_fetch_assoc($res))
27.          {
28.              $data[] = $row;
29.          }
30.      }
31.      $pagelinks = $this->pagelinks($maxpage,$page);
32.      $results['data'] = $data;
33.      $results['pagelinks'] = $pagelinks;
```

```
34.        $this->init();
35.        return $results;
36. }
```

（4）分页链接方法 pagelinks

pagelinks()方法用于返回分页数据的页码超链接，包含页码个数、页码跳转等。参考代码如下：

```
1.  /**
2.  * [ pagelinks 分页链接]
3.  * @param int $maxpage
4.  * @param int $page
5.  * @return string $links
6.  */
7.  protected function pagelinks($maxpage,$page)
8.  {
9.      $page_num = 5 ;//显示 5 个页码
10.     $pageoffset = ($page_num-1)/2;//设置页码的偏移量
11.     //计算页码的起始位置和结束位置
12.     if($page_num >= $maxpage){
13.         $pgstart = 1;
14.         $pgend = $maxpage;
15.     }elseif($page + $pageoffset > $maxpage){
16.         $pgstart = $maxpage-$page_num+1;
17.         $pgend = $maxpage;
18.     }else{
19.         $pgstart = (($page<=$pageoffset)?1:($page-$pageoffset));
20.         $pgend = ($pgstart==1)?$page_num:($pgstart+$page_num-1);
21.     }
22.     $links = '';
23.     $links .= '<li><a href="?page=1">«</a></li>';
24.     for($i = $pgstart;$i <= $pgend;$i++){
25.         if($i==$page){
26.             $links .= '<li class="active"><a href="?page='.$i.'" >'.$i.'</a></li>';
27.         }else{
28.             $links .= '<li><a href="?page='.$i.'">'.$i.'</a></li>';
29.         }
30.     }
31.     $links .= '<li><a href="?page='.$maxpage.'">»</a></li>';
32.     $links .= '<li style="margin-left:20px;">';
33.     $links .= '共'.$maxpage.'页, 转到';
34.     $links .= '<select style="margin-top:5px;" name="select" onchange="var jmpURL=this.options[this.selectedIndex].value ; if(jmpURL!=\'\') {window.location=jmpURL;} else {this.selectedIndex=0 ;}">';
35.     for($i=1;$i<=$maxpage;$i++){
36.         $links .= '<option value="?page='.$i.'">'.$i.'</option>';
37.     }
38.     $links .= '</select>';
39.     $links .= '</li>';
```

```
40.        return $links;
41. }
```

6. 数据添加 insert

insert()方法用于添加单条数据。为了适用于不同数据表，需要按照固定格式添加数据，将所有的数据定义成一个关联数组，key 名使用数据表对应的字段名称。

数据格式：$变量名['字段名'] = 值

insert()方法的返回值为 int 或 false，如果数据添加成功，则返回新记录的 ID 值；否则返回 false。参考代码如下：

```
1.  /**
2.   * [ insert 添加记录]
3.   * @param array $data
4.   * @return int/bool
5.   */
6.  public function insert($data)
7.  {
8.      $key = implode(",",array_keys($data));
9.      $val = "'".implode("','",$data)."'";
10.     $sql =" insert into ".$this->table."(".$key.") values(".$val;
11.     $sql.=")";
12.     $this->sql = $sql;
13.     $res = mysqli_query($this->conn,$sql);
14.     $this->init();
15.     if($res){
16.         return mysqli_insert_id($this->conn);
17.     }else{
18.         return false;
19.     }
20. }
```

7. 数据更新 update

update()方法用于按照条件更新数据。为了适用于不同数据表，需要按照固定格式更新数据，将所有的数据定义成一个关联数组，key 名使用数据表对应的字段名称。

数据格式：$变量名['字段名'] = 值

update()方法返回值为 int 或 false，如果数据更新成功，则返回影响记录的条数；否则返回 false。参考代码如下：

```
1.  /**
2.   * [ update 更新数据 ]
3.   * @param array $data
4.   * @return int/bool
5.   */
6.  public function update($data)
7.  {
8.      $sql = "update ".$this->table." set ";
9.      foreach($data as $key=>$val)
10.     {
11.         $sql .= "{$key}='{$val}',";
12.     }
```

```
13.    $sql = rtrim($sql,",");
14.    $sql .= $this->where;
15.    $this->sql = $sql;
16.    $res = mysqli_query($this->conn,$sql);
17.    $this->init();
18.    if($res){
19.        //返回影响记录的条数
20.            return mysqli_affected_rows($this->conn);
21.    }else{
22.            return false;
23.    }
24.}
```

8. 数据删除 delete

delete()方法用于按照条件删除数据。返回值为 int 或 false，如果数据删除成功，返回影响记录的条数；否则返回 false。参考代码如下：

```
1. /**
2. * [ 删除记录 ]
3. * @return int/bool
4. */
5. public function delete()
6. {
7.     $sql = "delete from ".$this->table.$this->where;
8.     $this->sql = $sql;
9.     $res = mysqli_query($this->conn,$sql);
10.    $this->init();
11.    if($res){
12.            return mysqli_affected_rows($this->conn);
13.    }else{
14.            return false;
15.    }
16.}
```

13.4.2　定义数据库配置文件

数据库配置文件是实例化 Model 对象引入数据库连接的参数。定义一个 config.php 文件，并在文件中定义数组，数组内部是连接数据库服务器需要用到的数据。config 文件的位置可以任意设置，只需要在引入时使用正确的相对路径。参考代码如下：

```
1. <?php
2. //参数
3. return  [
4.     'DB_HOST' => 'localhost',
5.     'DB_USER' => 'root',
6.     'DB_PASS' => 'root',
7.     'DB_NAME' => '161010100',
8.     'DB_CHARSET' => 'utf8',
9. ];
```

13.4.3 数据库操作类 Model 使用

1. 引入数据操作类等

引入数据操作类的参考代码如下：

```php
1. <?php include 'Model.class.php';//包含 Model 类 ?>
2. <?php $config = include 'config.php';//包含配置文件 ?>
3. <?php $db = new Model($config);//实例化对象? >
```

2. 添加数据示例

例如在 news 数据表中添加一条新闻，新闻表字段包含 id(自增)，title，content，createtime。定义一个关联数组$data，分别为数组元素赋值，参考代码如下：

```php
1. $data['title'] = '新闻标题';
2. $data['content'] = '新闻内容';
3. $data['createtime'] = time();
4. $res = $db->table('news')->insert($data);
5. if($res){
6.         echo '添加成功';
7. }else{
8.         echo '添加失败';
9. }
```

3. 更新数据示例

例如在 news 数据表中将 id 为 1 的数据更新，需要更新的数据也定义成关联数组，参考代码如下：

```php
1. $data['title'] = '新闻标题1';
2. $data['content'] = '新闻内容2';
3. $res = $db->table('news')->where('id=1')->update($data);
4. if($res){
5.         echo '更新成功';
6. }else{
7.         echo '更新失败';
8. }
```

4. 删除数据示例

删除数据示例的参考代码如下：

```php
1. $id = $_GET['id'];
2. $db->table('news')->where('id='.$id)->delete();
```

5. 查询数据示例

（1）单条数据查询

单条数据查询参考代码如下：

```php
1. $id = $_GET['id'];
2. $res = $db->table('news')->field('title,content')->where('id='.$id)->find();
```

（2）多条数据查询

多条数据查询参考代码如下：

```php
1. //检索新闻表 news 中的所有数据，按照 id 降序排列
2. $res = $db->table('news')->field('id,title,hits,tofrom,createtime')->
order(' id desc ')->select();
```

```
3. //检索新闻表 news 中前面的 5 条数据
4. $res = $db->table('news')->limit(5)->select();
```

（3）分页数据查询

分页数据查询参考代码如下：

```
1. //检索新闻表 news，每页 10 条数据，按照 id 降序排列
2. $res = $db->table('news')->field('id,title,cid,hits,tofrom,createtime')->
order(' id desc ')->paginate(10);
3. //输出分页页码链接
4. echo $res['pagelinks'];
```

第 14 章

项目开发及项目文档编写

应通过前面四个阶段的学习，我们已经掌握了 PHP 开发的相关技能。在本阶段，我们将综合应用前面所学的知识，使用 PHP 原生方式完成一个网站项目，题目自拟。同时尝试书写项目说明书，将项目开发的思路和实现方法描述清楚。

14.1 拓展项目开发

自拟题目，完成一个拓展网站的开发。

14.1.1 《×××企业网站的设计》

企业网站功能参考：

1．前台浏览信息

（1）企业基本信息

企业简介——包括企业背景、发展历史、主要业绩及组织结构等。

（2）企业新闻

公司动态——发布企业动态信息，使用户了解公司的发展动向，加深对公司的印象，从而达到展示企业实力和形象的目的。

（3）产品版块

产品展示——提供公司产品和服务的目录，方便用户查看。根据需要设计展示内容，配以图片、视频和音频资料。

产品搜索——提供按产品分类、产品名称等查询条件，方便用户快速定位到产品信息。

（4）销售服务

销售网络——列出本企业的销售渠道并以网站地图方式展示，提供搜索功能。

售后服务——发布质量保证条款、售后服务措施，以及各地售后服务的联系方式。

联系信息——企业地址、业务相关部门和网站管理部门的电话、电子邮件等联系信息。

（5）在线订单——用户在线订购产品。

（6）互动版块

留言板——开辟用户留言空间，网站管理员可在线回复。

2．后台管理

（1）管理员管理

查看管理员信息、添加管理员、删除管理员等。

（2）企业基本信息管理

添加、编辑和删除企业基本信息等。

（3）产品管理

添加、编辑和删除产品信息。

（4）销售服务

（5）订单管理

（6）新闻管理

（7）留言管理

14.1.2　《×××网上购物系统的设计》

购物网站功能参考：

1．前台浏览

（1）产品展示

产品浏览、搜索，方便用户快速找到需要的产品；

多种排序、产品对比，供用户直观地挑选产品；

用户浏览产品的历史信息，记录用户最近浏览的产品，方便用户查找；

收藏产品，以便下次购物时对商品进行快速定位；

（2）购物车：将用户选中的产品放入购物车；

（3）生成订单：会员选择包装方式，送货方式，送货时间，送货地址，联系人电话，付款方式，生成订单；

（4）新闻中心

（5）网站公告

（6）用户注册

2．后台管理

（1）管理员管理

查看管理员信息，添加、删除管理员等。

（2）用户管理：

删除、编辑会员用户信息。

（3）产品管理

添加产品、编辑和删除产品信息。

（4）订单管理：审核订单，通知用户修改不合格订单，删除订单；

（5）公告管理

添加、编辑和删除公告。

（6）新闻管理

添加新闻、编辑和删除新闻。

14.1.3　《×××旅游网站的设计》

旅游网站功能参考：

1．前台浏览

（1）发布公告——随时发布旅行社的最新动态信息。

（2）线路展示——根据业务分类发布线路，方便用户查询。

（3）酒店展示——根据房间类型发布酒店信息，方便用户预订。

（4）用户留言——与用户建立网络联系。

（5）景点查看——供用户查看著名景区的景点信息，包括景区著名景点介绍、浏览攻略、景区门票、交通、美食等旅游信息。

6）新闻中心——展示旅行社信息、以及国内外旅游最新信息。

2．后台管理

（1）管理员管理

查看管理员信息、添加管理员、删除管理员等。

（2）公告管理

添加公告、编辑和删除公告。

（3）景点管理

添加景点、编辑和删除景点。

（4）线路管理

添加线路、编辑和删除线路，设置精品线路。

（5）酒店管理

添加酒店、编辑和删除酒店。

（6）留言管理

（7）文章管理

14.1.4 《×××学校网站的设计》

学校网站功能参考：

1．前台浏览

设置学校概况、新闻中心、教师频道、学生频道、招考专栏、教学科研、资源交流等栏目。

（1）学校概况

学校简介：基本情况介绍；

组织机构：部门和组织关系；

校长介绍：校长简历，工作成就和工作范围。

（2）新闻中心

学校新闻：学校每天发生的有意义的活动报道；

教育新闻：教育相关的新闻，包括当地教育管理机构的动态；

通知公告：以醒目的方式发布相关的公告通知。

（3）教师频道

名师风采：优秀教师介绍、成果、论文；

学科骨干：学科带头人的简历，教学理念；

优秀班主任：班主任工作方法，心得体会。

（4）学生频道

学生活动：班会、体育比赛、郊游、社会活动。

（5）招考专栏（家长频道）

招生政策；

教学特色；

学生情况。

（6）教学科研

教学特色；

科研课题；

教学成果展示。

2．后台管理

（1）学校概况管理

（2）新闻管理

（3）教师信息管理

（4）学生信息管理

（5）招生信息

（6）教学科研管理

（7）管理员管理

14.2　编写项目说明文档

请参考教程及网络资源，编写自拟题网站项目的说明书。

请参照图 14.1 所示的系统分析说明书目录结构完成网站项目说明书。

×××系统分析说明书

目录

1　概述 .... 页码
　1.1 编写目的 .... 页码
　1.2 参考资料 .... 页码
2　网站（或系统）需求分析 .... 页码
　2.1 功能需求 .... 页码
　2.2 数据需求 .... 页码
　2.3 性能需求* .... 页码
　2.4 故障处理* .... 页码
3　网站（或系统）数据库结构分析与设计 .... 页码
　3.1 网站（或系统）逻辑结构分析 .... 页码
　3.2 网站（或系统）物理结构设计 .... 页码
4　网站（或系统）界面设计与实现 .... 页码
　4.1 前台页面实现 .... 页码
　　4.1.1 网站首页 .... 页码
　　4.1.2 新闻模块 .... 页码
　　4.1.3 产品展示模块 .... 页码
　　4.1.4 前台**模块 .... 页码
　4.2 网站后台实现 .... 页码
　　4.2.1 后台登录页面 .... 页码
　　4.2.2 新闻管理 .... 页码
　　4.2.3 产品管理 .... 页码
　　4.2.4 **管理（前台对应管理功能） .... 页码
5　环境 .... 页码
　5.1 运行环境 .... 页码
　5.2 开发环境 .... 页码

图 14.1　系统分析说明书参考目录

反侵权盗版声明

　　电子工业出版社依法对本作品享有专有出版权。任何未经权利人书面许可，复制、销售或通过信息网络传播本作品的行为；歪曲、篡改、剽窃本作品的行为，均违反《中华人民共和国著作权法》，其行为人应承担相应的民事责任和行政责任，构成犯罪的，将被依法追究刑事责任。

　　为了维护市场秩序，保护权利人的合法权益，我社将依法查处和打击侵权盗版的单位和个人。欢迎社会各界人士积极举报侵权盗版行为，本社将奖励举报有功人员，并保证举报人的信息不被泄露。

举报电话：（010）88254396；（010）88258888

传　　真：（010）88254397

E-mail：dbqq@phei.com.cn

通信地址：北京市万寿路 173 信箱
　　　　　电子工业出版社总编办公室

邮　　编：100036